K. Senthil Kumar
M.S. Komala

Disposição inovadora do conetor de corte em vigas compósitas

K. Senthil Kumar
M.S. Komala

Disposição inovadora do conetor de corte em vigas compósitas

ScienciaScripts

Cover image: www.ingimage.com

This book is a translation from the original published under ISBN 978-3-659-87436-9.

Publisher:
Sciencia Scripts
is a trademark of
Dodo Books Indian Ocean Ltd. and OmniScriptum S.R.L publishing group

120 High Road, East Finchley, London, N2 9ED, United Kingdom
Str. Armeneasca 28/1, office 1, Chisinau MD-2012, Republic of Moldova, Europe
Managing Directors: Ieva Konstantinova, Victoria Ursu
info@omniscriptum.com

Printed at: see last page
ISBN: 978-620-8-63292-2

RESUMO

Nesta investigação experimental sobre o comportamento à flexão de vigas mistas de aço-betão formadas a frio com secção transversal de 100 x 200 mm e comprimento de 1700 mm, utilizando betão de grau M20, foi realizada. A resistência à flexão final, a deflexão, a ductilidade, a capacidade de absorção de energia e as caraterísticas de rigidez das vigas compósitas aço-betão formadas a frio foram observadas e os resultados foram comparados com os da viga de betão armado convencional. O aço de tração na viga de betão armado convencional foi parcialmente substituído por aço enformado a frio, de modo a produzir a mesma força de tração na viga mista. A chapa de aço enformada a frio retangular simples de 1 mm de espessura foi colocada na parte inferior como armadura principal. A chapa de aço enformada a frio utilizada na zona de tração da viga foi efetivamente ligada ao betão através de conectores de cisalhamento. Foram utilizadas seis disposições diferentes de conectores de cisalhamento e os seus efeitos no modo de rotura da viga e no padrão de fendas foram também estudados. Concluiu-se que a viga mista aço-betão enformada a frio com padrão alternativo de conectores de corte (CPAS) era mais dúctil do que as vigas de betão armado convencionais. A pormenorização do conetor de cisalhamento em padrão alternado proporciona uma maior ligação entre a placa e o betão. A capacidade de carga última da viga mista com padrão alternado de conectores de cisalhamento é superior à da viga de controlo (RC). A viga mista (CPAS) sofre mais deformações do que a viga de betão armado convencional e tem melhor resistência e ductilidade do que as outras vigas mistas.Foram desenvolvidos modelos de elementos finitos (MEF) para simular o comportamento de vigas de tamanho normal, desde a resposta linear à não linear e até à rotura, utilizando o programa ANSYS (ANSYS 10). Foram feitas comparações com os gráficos carga-deflexão a meio vão, cargas de primeira fendilhação e cargas à rotura. São apresentadas as simplificações e hipóteses de modelação utilizadas durante esta investigação. Verificou-se que o comportamento geral dos modelos de elementos finitos ao longo das gamas linear e não linear até à rotura apresenta uma boa concordância com as observações e resultados do ensaio experimental da viga à escala real.

ÍNDICE DE CONTEÚDOS

CAPÍTULO 1
INTRODUÇÃO

1.1 GERAL

A busca do homem para construir infra-estruturas ao custo mais económico conduziu à melhor utilização dos materiais. A prática consiste em utilizar a força que possuem e em suprimir a sua fraqueza. As estruturas mistas aço-betão inserem-se nesta categoria. Pode haver alguns especialistas em aço e muitos outros em betão. Não é possível construir uma estrutura que utilize apenas aço ou apenas betão. Mesmo uma estrutura totalmente em CCR é constituída por aço de reforço e, por conseguinte, uma estrutura em CCR é, ela própria, uma estrutura mista.

No entanto, para construir uma estrutura mais económica e esteticamente mais agradável, é necessário utilizar uma combinação judiciosa de aço estrutural com betão armado. Com o aço, o progresso da construção é rápido. O aço é mais eficiente na resistência às forças de tração e tem uma melhor relação resistência/peso. Por outro lado, o betão é barato, moldável no local e resistente à compressão.

Nos últimos anos, as aplicações de elementos compósitos constituídos por secções de aço e betão tornaram-se cada vez mais populares nas estruturas de engenharia civil. Isto deve-se às suas vantagens em relação às secções estruturais convencionais em termos de resistência, ductilidade, capacidade de absorção de energia, facilidade de construção e economia global. Num edifício de vários andares, o esqueleto pode ser uma estrutura de aço que pode ser montada fácil e rapidamente. Posteriormente, os pisos funcionais podem ser construídos com RCC. Assim, este sistema é o mais eficiente, tanto do ponto de vista da resistência às cargas como do ponto de vista do desempenho. Além disso, é um desperdício colocar as chapas de centragem e depois retirá-las após o endurecimento do betão. Em vez disso, se forem utilizadas chapas perfiladas (que também fazem parte da armadura da laje), pode-se eliminar o desperdício de tempo e esforço e tornar a estrutura elegante.

A construção mista aço-betão é largamente utilizada em edifícios e pontes, mesmo em regiões de elevado risco sísmico. É hoje prática comum utilizar pavimentos de aço enformado a frio, constituídos por chapas perfiladas, quer como cofragem permanente para o apoio dos sofitos das lajes de betão armado, quer como parte do aço de tração na laje perfilada composta. Por conseguinte, a utilização de estruturas mistas de betão e aço resulta em estruturas estéticas, económicas e funcionais.

Um dos parâmetros importantes que podem afetar a resistência final da secção composta é a ligação na interface entre o aço e o betão. Esta ligação baseia-se nas forças de corte entre o invólucro de aço e o núcleo de betão, quando não existem conectores mecânicos. A função de um conetor de cisalhamento é transferir as forças de cisalhamento entre os subelementos de modo a desenvolver a ação composta e evitar a separação transversal dos subelementos entre si.

No passado, muitos investigadores realizaram investigações experimentais com diferentes formas de ligação entre o aço e o betão. Neste trabalho de projeto, tenta-se estudar o comportamento de uma viga mista aço-betão formada a frio, ligada com diferentes disposições de conectores de corte.

1.2 CONCEPÇÃO DO ESTADO LIMITE

Uma estrutura compósita ou parte dela é considerada imprópria para utilização quando ultrapassa um determinado estado, designado por estado limite, para além do qual infringe um dos critérios que regem o seu desempenho ou utilização.

Os estados limite podem ser classificados em duas categorias:

a) os estados limites últimos, correspondentes à capacidade máxima de carga.

b) os estados-limite de utilização, que estão relacionados com os critérios que regem a utilização normal e a durabilidade.

Nos edifícios mistas aço-betão, os estados limites últimos significativos a considerar são os seguintes

a) colapso devido à falha de flexão de uma ou mais secções críticas,

b) colapso devido a falha de corte horizontal na interface entre a viga de aço e a laje de betão.

Os estados-limite de utilização importantes a considerar são:

a) estado limite de deformação, e

b) estado limite de tensões no betão e no aço.

c)

1.3 AÇO ENFORMADO A FRIO

Os produtos de chapa de aço fina são amplamente utilizados na indústria da construção, desde madres a coberturas de telhado e pavimentos. Geralmente, estão disponíveis para utilização como elementos de construção de base para montagem no local ou como estruturas ou painéis pré-fabricados. Estas secções finas de aço são enformadas a frio, ou seja, o seu processo de fabrico envolve a enformação de secções de aço a frio (isto é, sem aplicação de calor) a partir de chapas de aço de espessura uniforme. São designados genericamente por perfis de aço enformados a frio. Por vezes, também são designados por secções de aço de calibre leve ou secções de aço laminado a frio. A espessura da chapa de aço utilizada na construção enformada a frio é geralmente de 1 a 3 mm. Embora os produtos laminados a frio tenham sido desenvolvidos durante a Primeira Guerra Mundial, a sua utilização alargada em todo o mundo só cresceu nos últimos 20 anos devido à sua versatilidade e adequação a uma série de aplicações de suporte de cargas mais leves. Assim, a vasta gama de produtos disponíveis alargou a sua utilização a vigas primárias, unidades de pavimento, asnas de telhado e estruturas de edifícios. De facto, é difícil pensar em qualquer indústria em que os produtos de aço laminado a frio não existam de uma forma ou de outra. Para além da indústria da construção, são utilizados em veículos automóveis, caminhos-de-ferro, aeronaves, navios, maquinaria agrícola, equipamento elétrico, prateleiras de armazenamento, aparelhos domésticos, etc.

1.4 CONECTORES DE CISALHAMENTO

A força de corte total na interface entre uma laje de betão e uma viga de aço é aproximadamente oito vezes a carga total suportada pela viga. Por isso, são necessários conectores mecânicos de cisalhamento na interface aço-betão. Estes conectores são concebidos para

(a) transmitir o cisalhamento longitudinal ao longo da interface, e

(b) Impedir a separação da viga de aço e da laje de betão na interface.

2.4.1 TIPOS DE CONECTORES DE CISALHAMENTO

Existem muitos tipos de conectores de cisalhamento e são geralmente divididos em rígidos, flexíveis e de ligação, de acordo com a distribuição das forças de cisalhamento e a dependência funcional entre a força e as deformações.

(i) Tipo rígido

Tal como o nome indica, estes conectores são muito rígidos e suportam apenas uma pequena deformação enquanto resistem à força de corte. A sua resistência deriva da pressão sobre o betão e falham devido ao esmagamento do betão. Barras curtas, cantoneiras e secções em T são exemplos comuns deste tipo de conectores. Além disso, os dispositivos de ancoragem, como as barras em forma de arco, são ligados a estes conectores para evitar a separação vertical. Este tipo de conectores é apresentado na Fig.1.1

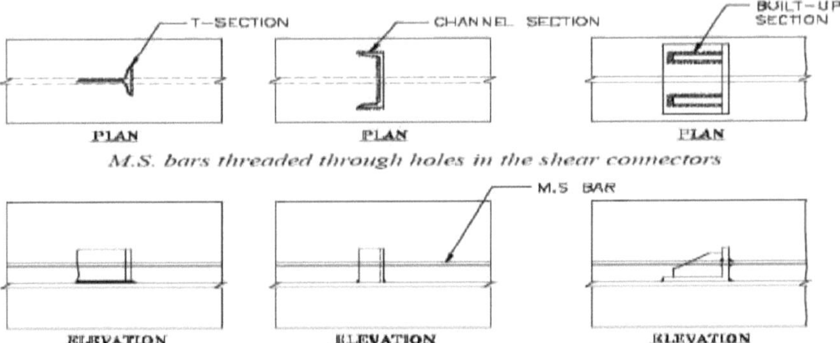

Fig.1.1 Conectores rígidos típicos com dispositivo de ancoragem para segurar a laje de betão contra a elevação

(ii) Tipo flexível

Os pernos com cabeça e os canais pertencem a esta categoria. Estes conectores são soldados à flange da viga de aço. Obtêm a sua resistência à tensão através da flexão e sofrem grandes deformações antes da falha. Os conectores flexíveis típicos são apresentados na Fig. 1.2. Os conectores de pernos são os tipos mais utilizados. A haste e o colar de soldadura adjacentes à viga de aço resistem às cargas de corte, enquanto a cabeça resiste à elevação.

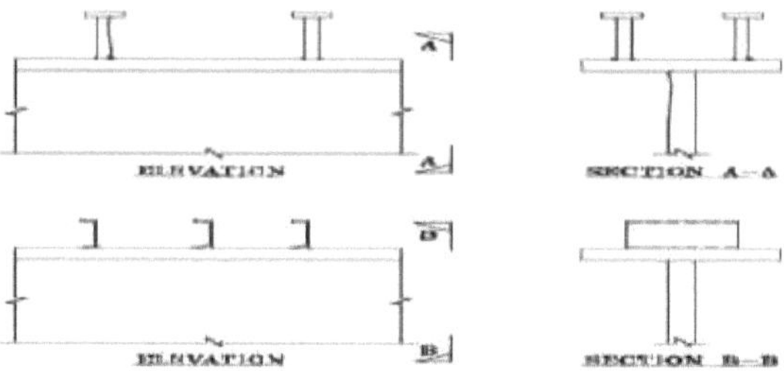

Fig.1.2 Conectores flexíveis típicos

(iii) Tipo de ligação ou ancoragem

Estes conectores obtêm a sua resistência através da ação de ligação e ancoragem. Estas são apresentadas na Fig. 1.3.

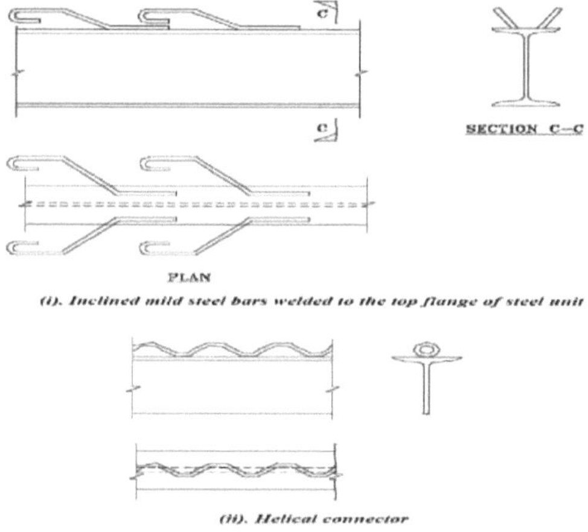

Fig.1.3 Conectores típicos de ligação ou ancoragem

1.5 ÂMBITO DE APLICAÇÃO

Embora a construção com materiais compósitos não seja uma técnica muito recente, a sua importância na construção de estruturas é de recente realização neste país. Com o avanço no fabrico de unidades estruturais, a construção composta assumiu grande importância. O betão é mais forte em compressão do que em tração, e o aço é suscetível de encurvar em compressão. Através da ação composta entre os dois, as suas respectivas vantagens podem ser utilizadas ao máximo. Se for fornecida uma ligação de corte suficiente entre a viga e a chapa de aço, estas actuarão em conjunto como uma viga composta para suportar a carga, aumentando assim a eficiência estrutural de toda a secção.

1.6 OBJECTIVO

1. Os objectivos da investigação experimental foram os seguintes

- Determinar a resistência à flexão, a resistência final, a deflexão, a rigidez, a capacidade de absorção de energia e as caraterísticas de ductilidade das vigas compostas de aço e betão formadas a frio e comparar os resultados com as vigas de betão armado convencionais.
- Estudar o efeito de diferentes disposições dos conectores de corte no modo de rotura da viga.

2. Os objectivos da modelação por elementos finitos foram os seguintes

- Examinar o comportamento estrutural de vigas RC e vigas mistas.
- Estabelecer uma metodologia para aplicar a modelação computacional a vigas RC e a vigas mistas.
- Comparar os resultados experimentais com os resultados da modelação por elementos finitos.

CHAPTER 2
PESQUISA BIBLIOGRÁFICA

O resumo de algumas das literaturas disponíveis na área das vigas compósitas de paredes finas é apresentado neste capítulo.

2.1 REVISÃO DA LITERATURA

RICHARD P. NGUYEN [1991] estudou o comportamento estrutural de vigas mistas constituídas por canais de parede fina, enformados a frio, reforçados com aço e betão, sujeitas a cisalhamento e flexão, tanto individualmente como combinadas. Com base nos resultados de 32 amostras de vigas à escala real, verificou-se que, substituindo os varões de aço convencionais por secções de aço de paredes finas, formadas a frio, com áreas de secção transversal iguais, a resistência máxima das vigas mistas à flexão e ao corte pode ser alcançada. Além disso, são desenvolvidas fórmulas empíricas preliminares para calcular a capacidade última de ligação ao corte das vigas mistas de paredes finas de aço enformado a frio e betão e para prever o comportamento destas vigas à flexão e a esforços combinados de flexão e corte.

SLOBODAN RANKOVIC e DRAGOLJUB DRENIC [2002] fazem uma revisão das expressões analíticas mais importantes, com base na literatura contemporânea dos países industrializados desenvolvidos, para a determinação da resistência dos conectores de corte em vigas mistas aço-betão. O mecanismo de falha possível e os critérios básicos utilizados para a definição da resistência dos conectores de corte em lajes mistas e lajes mistas com chapa perfilada. Foi feita uma análise especial das expressões e recomendações dadas pelo Eurocódigo 4 no domínio da resistência dos conectores de corte, tanto elásticos como rígidos. Juntamente com a revisão comparativa das normas, foi apresentado um comentário sobre a resistência dos conectores de cisalhamento em vigas mistas.

KHANDAKER M. ANWAR HOSSAIN [2003] estudou o comportamento de vigas preenchidas com compósito de paredes finas (TWC) com betão normal (NC) e betão leve de pedra-pomes vulcânica (VPC) como enchimento, com base numa série exaustiva de ensaios. Verifica-se que a resistência e os modos de rotura das vigas dependem das ligações de interface. O efeito de vários modos de ligações de interface é co-relacionado com a geração de ligações de cisalhamento entre o revestimento e o betão, utilizando resultados experimentais e teóricos. São desenvolvidos modelos analíticos para o projeto de vigas e o seu desempenho é validado através de resultados experimentais utilizando ligações totais e parciais.

JIANSHENG FAN, JIANGUO NIE and C. S. CAI [2004] o comportamento de vigas mistas aço-betão sob flexão negativa com diferentes graus de interação de corte foi investigado neste trabalho. Foi desenvolvido um modelo para prever o comportamento da rigidez da viga mista sob flexão negativa no estado limite de utilização. O modelo considera os deslizamentos na interface viga de aço-laje de betão e na interface betão-armadura, o que explica a diminuição da rigidez estrutural em comparação com a teoria baseada na interação de corte total. Uma série de equações analíticas baseadas neste modelo foi derivada para calcular a deflexão máxima de uma viga mista com carga de trabalho, e foram considerados diferentes tipos de casos de carga e condições de fronteira.

JIANGUO NIE, YAN XIAO e LIN CHEN [2004] Foram efectuados ensaios de carga estática em 16 vigas mistas aço-betão e duas vigas de aço para investigar os mecanismos de resistência ao corte e a resistência das vigas mistas. Os principais parâmetros experimentais foram a relação de aspeto do vão de corte das vigas simplesmente apoiadas e a largura e espessura dos flanges de betão. Com base nas medições das deformações, as tensões na viga de aço foram analisadas utilizando as teorias da elasticidade e da plasticidade, e foi calculado o corte vertical a que a viga de aço resistiu. A resistência ao corte do banzo de betão foi então obtida subtraindo a contribuição do corte do aço da carga total aplicada. Verificou-se que o banzo de betão podia suportar 33-56% do esforço de corte final total aplicado aos provetes de viga mista, contrariamente ao pressuposto típico de negligenciar a contribuição do esforço de corte do betão na maioria dos códigos e especificações de projeto. É proposta uma equação de resistência ao corte que considera as contribuições ao corte tanto da viga de aço como do banzo de betão.

KOTTISWARAN.N e SUNDARARAJAN.R [2005] Foi efectuada uma investigação experimental sobre o comportamento à flexão de uma viga mista aço-betão constituída por paredes finas de aço enformado a frio. A capacidade de resistência final e as caraterísticas de deflexão das vigas foram determinadas. Os resultados são comparados com os de uma viga de betão armado convencional. A área de aço de tração na viga de betão armado convencional foi calculada e substituída por aço enformado a frio de parede fina que pode produzir a mesma força de tração na viga mista. A chapa de aço enformada a frio foi utilizada na zona de tração da viga e ligada eficazmente ao betão através de conectores de cisalhamento. A chapa de aço enformada a frio de 1 mm e 1,5 mm de espessura com diferentes secções transversais, chapa retangular simples, secção de canal sem rebordo (canal não reforçado) e secção de canal com rebordo (canal reforçado), foi colocada na parte inferior como armadura principal. As capacidades de transporte de momento na rotura e na primeira fissura também são comunicadas. Conclui-se que a capacidade de carga última da viga mista com placa e canal com lábio é superior à da viga de controlo, concebida para a mesma força de tração. A capacidade de carga última da viga mista de canal sem lábio é inferior à da viga de controlo devido à separação da parte da alma do canal do betão. As vigas compósitas sofrem mais deformações do que as vigas de betão armado convencionais, concebidas para a mesma força de tração.

DENNIS LAM e EHAB EL-LOBODY [2005] No projeto de vigas mistas, os conectores de cisalhamento com cabeça são normalmente utilizados para transferir forças de cisalhamento longitudinais através da interface aço-betão. O conhecimento atual do comportamento de deslizamento de carga e da capacidade de corte do perno de corte em vigas mistas limita-se aos dados obtidos em ensaios experimentais de arrancamento. Para este efeito, foi proposto um modelo numérico eficaz utilizando o método dos elementos finitos para simular o ensaio de arrancamento. Foram efectuados estudos paramétricos utilizando este modelo para investigar variações na resistência do betão e no diâmetro do pino de corte. O modelo de elementos finitos permitiu uma melhor compreensão dos diferentes modos de rotura observados durante os ensaios experimentais e, consequentemente, da capacidade de corte dos pinos de corte com cabeça em lajes de betão maciço.

HYUNG-JOON AHN E SOO-HYUN RYU[2006] Este estudo sugere vigas de perfil compósito modular, em que o conceito pré-fabricado é aplicado a vigas de perfil compósito existentes. O conceito de pré-fabricação produz uma viga com a dimensão desejada e com dois tipos de perfil: módulo lateral e módulo inferior. A secção modular melhorará os esforços de construção porque oferece várias vantagens: redução das deformações devidas à fluência e à retração, que podem ser encontradas nas vigas de perfil compósito existentes; aumento da relação vão/profundidade; e pré-fabricação livre de quaisquer vigas necessárias. Com base na teoria de análise estabelecida para vigas de perfis compósitos, foi sugerida uma teoria de análise para vigas de perfis compósitos modulares e os valores de análise foram comparados com os valores experimentais. O comportamento dos módulos individuais com o aumento da carga foi medido com um extensómetro, e a relação de ligação de corte entre os módulos foi analisada utilizando os valores medidos. Como resultado da experiência, verificou-se que a resistência à flexão teórica na condição de ligação completa foi de 57%-80% através da ligação de módulos para cada amostra, e espera-se que a resistência à flexão se aproxime dos níveis teóricos através de mais melhorias nos módulos.

ARUP [2006] Os requisitos codificados actuais para o número mínimo de conectores de corte em vigas mistas são baseados no vão e, em alguns casos, na relação da área do banzo. Os antecedentes para estes limites são estudos sobre o deslizamento nos conectores para secções uniformes sob cargas uniformemente distribuídas. Um método para calcular o deslizamento utilizando propriedades elásticas para a viga e propriedades rígido-plásticas para os pinos foi desenvolvido por outros. Este método foi desenvolvido para incluir as curvas típicas de tensão-deformação do material e a deformação elástica do conetor. Os resultados do método são comparados com outros valores publicados. O método também é utilizado para efetuar estudos preliminares do efeito da variação de determinados parâmetros. As variações consideradas incluem a relação entre a construção e a carga total, cargas inferiores à capacidade da viga, ausência de conectores nas extremidades da viga, secções cónicas e cargas pontuais assimétricas.

2.2 RESUMO DE ESTUDOS ANTERIORES

A partir dos estudos de investigadores anteriores, verificou-se que a construção composta aumenta a capacidade de flexão. As vigas mistas sofrem mais deformações do que as vigas de betão armado convencionais. Verifica-se que, ao substituir os varões de aço convencionais por secções de aço de paredes finas, formadas a frio, com áreas de secção transversal iguais, a resistência final das vigas mistas à flexão e ao corte pode ser aumentada. O número mínimo de conectores de corte em vigas mistas baseia-se no vão e, nalguns casos, no rácio da área do banzo.

CHAPTER 3
INVESTIGAÇÃO EXPERIMENTAL

Os materiais utilizados nesta investigação experimental, os pormenores do espécime e a configuração experimental são aqui apresentados.

3.1 MATERIAIS

3.1.1 Cimento

Foi utilizado cimento Ramco Super Grade 53 (PPC) com uma densidade específica de 3,15.

3.1.2 Agregado fino

O agregado fino utilizado nesta investigação foi areia de rio limpa que passa através de um peneiro de 4,75 mm com uma gravidade específica de 2,70 em conformidade com a zona II.

3.1.3 Agregado grosso

No trabalho experimental, foi utilizada gelatina dura quebrada de granito que passa através de 12,5 mm e fica retida no peneiro de 10 mm, com uma gravidade específica de 2,85.

3.1.4 Água

A água potável disponível no campus universitário foi utilizada para a mistura e a cura do betão. O espécime moldado foi curado com água no tanque de cura por imersão completa.

3.1.5 Aço de reforço

Foram utilizadas barras de Fe 415 de elevado limite de elasticidade com 10 mm de diâmetro e barras de aço macio com 6 mm de diâmetro com classificação Fe 250.

3.1.6 Aço enformado a frio

A chapa de aço enformada a frio com 1 mm de espessura foi utilizada como placa na parte inferior da viga composta. As propriedades do aço enformado a frio foram determinadas através da realização de um ensaio de cupão de acordo com a norma IS: 1079. O módulo de Young=2X105 MPa, a tensão de cedência=351,10 MPa e a tensão final=408,33 MPa.

3.1.7 Conector de cisalhamento

Foram utilizados conectores de cisalhamento do tipo pino de cabeça para obter uma ligação adequada entre o aço e a interface do betão. Pino de aço macio com diâmetro de haste

.5mm, diâmetro da cabeça de 12,5mm e altura de 75mm, como mostra a Fig.3.1. Os conectores de pinos com cabeça foram concebidos para uma interação total a 140 mm c/c ao longo do comprimento da chapa de aço enformada a frio. Para o conetor do tipo perno, foi utilizado o diâmetro da haste de 6,5 mm e a altura do perno de 75 mm, como

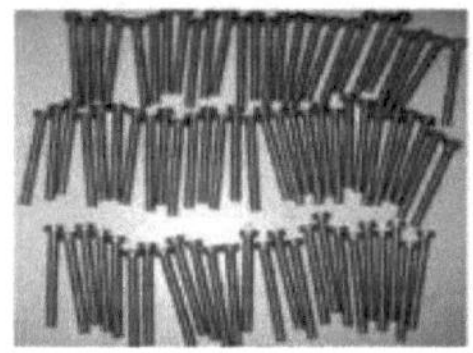

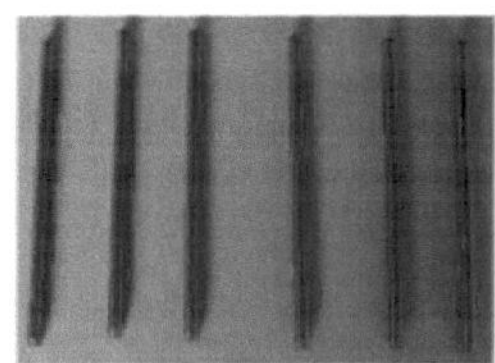

mostra a Fig.3.2.

Fig.3.1Cabeça Conector de cisalhamento tipo pino

Fig.3.2 Conector de cisalhamento tipo pino

3.2 CONCEPÇÃO DA MISTURA DE BETÃO

A proporção básica para a mistura de betão de grau M20 obtida pelo projeto de mistura de acordo com a IS: 10262 foi progressivamente corrigida por misturas experimentais e a proporção final foi adoptada como 1:2,2:3,6:0,5 (Cimento: Agregado fino: Agregado grosso: água) com um teor de cimento de 320 kg/m^3. A resistência média à compressão do cubo de betão endurecido com dimensões de 150 x 150 x 150 mm aos 28 dias = 34,37 N/mm^2.

3.3 DOSEAMENTO DOS PROVETES

3.3.1 Conceção de vigas

No presente estudo, uma viga de betão armado com uma secção transversal de 100 x 200 mm e um comprimento de 1700 mm foi concebida como uma secção reforçada com 2 barras de aço HYSD de 10 mm de diâmetro no lado da tração e 2 barras de aço macio simples de 6 mm de diâmetro como barras de suspensão e estribos de duas pernas de aço macio simples de 6 mm de diâmetro a 120 mm de centro a centro, tornando a viga segura ao corte, como se mostra na Fig.3.3. A área de aço de tração (157 mm^2) na viga de betão convencional foi substituída por 2 números de aço macio simples com 6 mm de diâmetro (56,52 mm^2) e chapa de aço enformada a frio para a área restante, de modo a que a força de tração resultante nas vigas reforçadas e compostas seja igual. O aço enformado a frio é fornecido sob a forma de chapa retangular lisa no intradorso da viga, como se mostra na Fig.3.4.

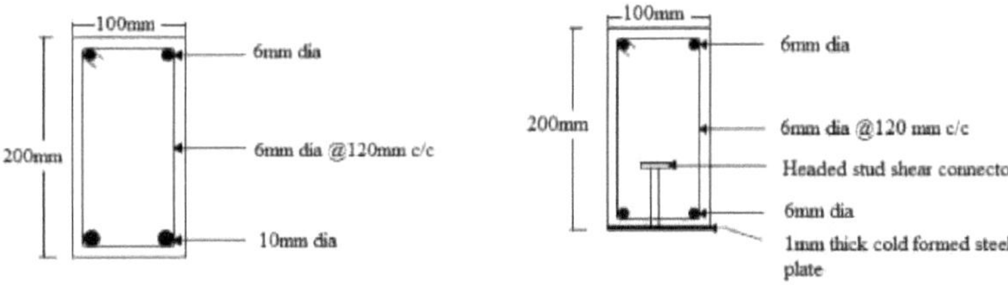

Fig.3.3 Viga de CCR **Fig.3.4 Viga mista de placas com conetor de corte**

3.2.1 DESIGNAÇÃO DO FEIXE

O programa experimental atual inclui 7 espécimes, que foram moldados e curados no tanque de cura por imersão completa. Os pormenores dos provetes são apresentados na Tabela-3.1.

Quadro 3.1 Pormenores do provete

Designação do feixe	**Descrição**	**Espaçamento entre os conectores de corte em mm**	**Número de conectores de corte utilizados**
RC	Betão armado betão viga (Controlo)	-	-
CPS1	Viga mista com uma fila de conectores de corte	140	14
CPZS	Viga mista com padrão em ziguezague do conetor de corte	140	14
CPAS	Viga mista com padrão alternado de conetor de corte	170	14
CPS2	Viga mista com duas filas de conectores de corte	200	14
CPIS	Viga mista com padrão inclinado de conetor de corte	140	14
CPCS	Viga mista com combinação de dois tipos de ligadores de corte	140	14

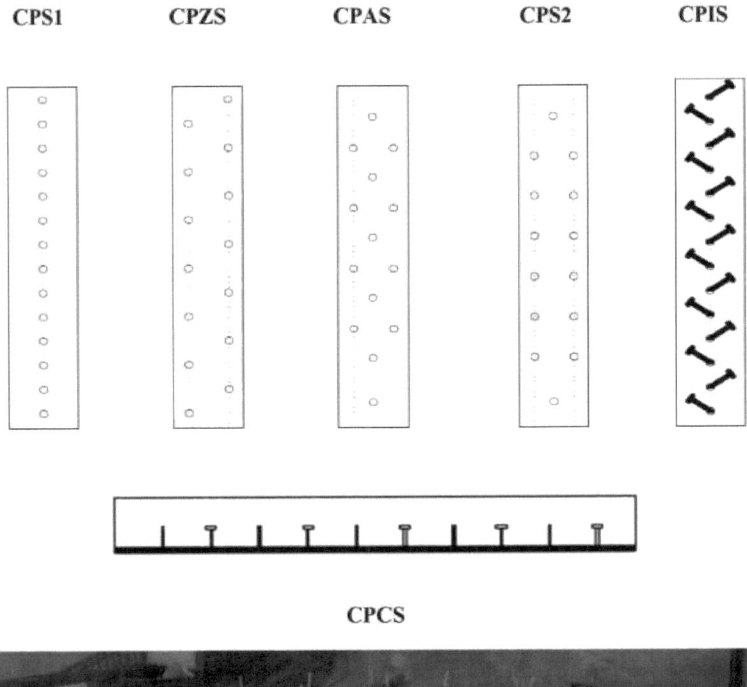

Fig 3.5 Diferentes disposições dos conectores de cisalhamento

Fig.3.6 Vigas fundidas

3.4 CONFIGURAÇÃO E INSTRUMENTAÇÃO DOS ENSAIOS EXPERIMENTAIS

Todos os espécimes foram testados quanto à resistência à flexão sob carga de dois pontos com a idade de 28 dias. Os espécimes foram testados com uma condição de extremidade simplesmente apoiada, centrada sobre blocos de suporte ajustados para um vão efetivo de 1500 mm. A carga foi transferida para os espécimes através de dois pontos de carga a uma distância de 500 mm de cada suporte. A carga foi aplicada sem choque e foi aumentada a uma taxa uniforme. A carga foi aumentada até à rotura final da viga. As deflexões a meio do vão, sob as cargas pontuais e a 250 mm do apoio, foram registadas para cada incremento de carga utilizando um defletómetro com uma contagem mínima de 0,01 mm e as deformações foram medidas por um deformómetro mecânico com um comprimento de calibre de 200 mm e uma contagem mínima de 0,002 mm. As deformações na placa de aço foram medidas por um medidor de deformações digital e foi utilizado um extensómetro com um comprimento de medição de 3 mm. Os padrões de fissuras também foram registados em cada incremento de carga. Os espécimes foram ensaiados numa estrutura de carga com capacidade de 500kN. A configuração experimental e a instrumentação da viga são mostradas nas Fig.3.7 e 3.8.

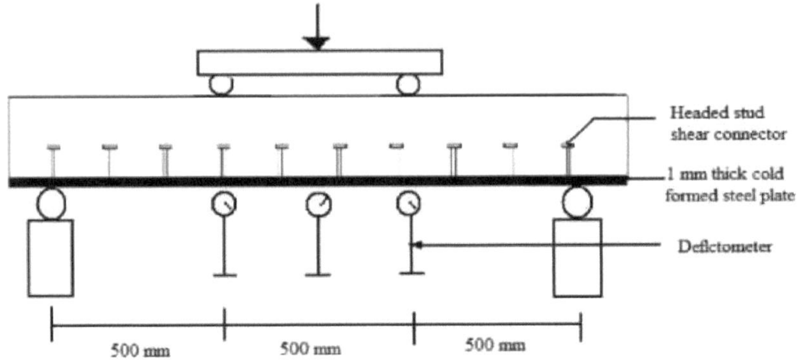

Fig.3.7 Esquema da instalação experimental

Fig.3.8 Instalação experimental

CAPÍTULO 4
MODELAÇÃO POR ELEMENTOS FINITOS DE VIGAS DE BETÃO
VIGA DE BETÃO ARMADO E VIGA MISTA UTILIZANDO O ANSYS

Os objectivos da modelação computacional foram os seguintes

1. Examinar o comportamento estrutural de vigas RC e vigas mistas.
2. Estabelecer uma metodologia para aplicar a modelação computacional a vigas RC e a vigas mistas.

Este capítulo aborda o desenvolvimento de modelos para as vigas em tamanho real. São também descritos os tipos de elementos e as propriedades dos materiais utilizados nos modelos.

4.1 TIPOS DE ELEMENTOS

4.1.1 CONCRETO

O elemento Solid65 é utilizado para modelar o betão. Este elemento tem oito nós com três graus de liberdade em cada nó - translações nas direcções nodais x, y e z. Este elemento é capaz de apresentar deformação plástica, fendilhação em três direcções ortogonais e esmagamento, como se mostra na Fig. 4.1.

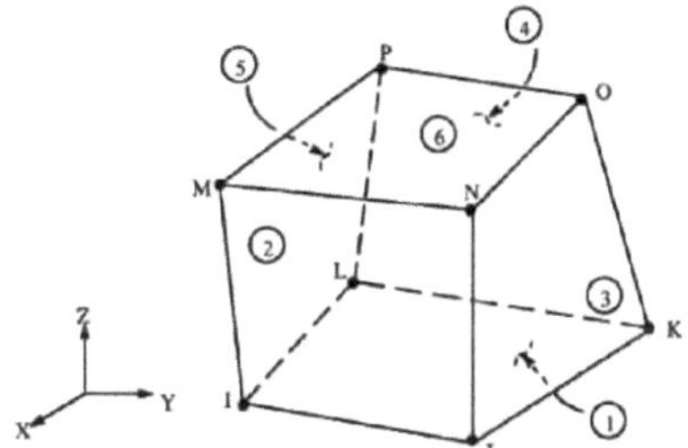

Fig 4.1 Maciço de betão armado 65-3-D

4.1.2 AÇO DE REFORÇO

Foi utilizado um elemento Link8 para modelar a armadura de aço. São necessários dois nós para este elemento. Cada nó tem três graus de liberdade, - translações nas direcções nodais x, y e z. O elemento também é capaz de efetuar deformações plásticas. A geometria e a localização dos nós para este tipo de elemento são apresentadas na Fig. 4.2.

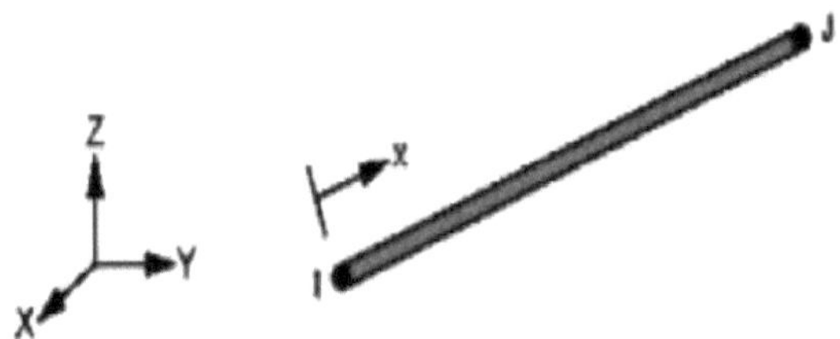

Fig 4.2 Geometria do elemento Link8

4.1.3 CHAPA DE AÇO ENFORMADA A FRIO

O Shell43 é utilizado para modelar a placa de aço formada a frio. O Shell43 é adequado para modelar estruturas de casca lineares, deformadas e de espessura moderada. O elemento tem seis graus de liberdade em cada nó: translações nas direcções nodais x, y e z e rotações em torno dos eixos nodais x, y e z. As formas de deformação são lineares em ambas as direcções do plano. Para o movimento fora do plano, é utilizada uma interpolação mista de componentes tensoriais. O elemento tem capacidades de plasticidade, fluência, reforço de tensões, grandes deformações e grandes deformações, como se mostra na Fig. 4.3.

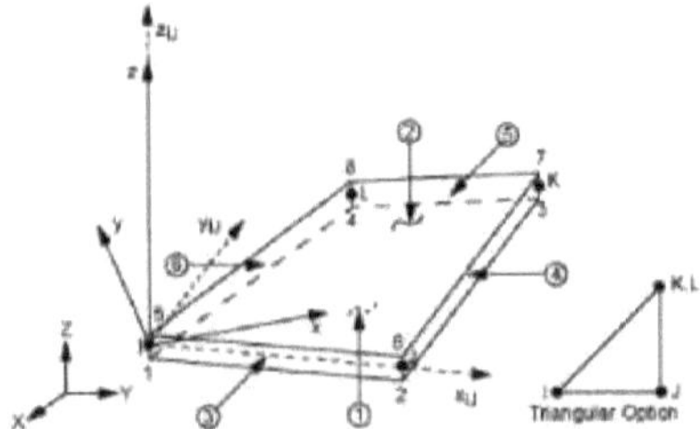

Figura 4.3 Geometria da Shell43

4.1.4 CONECTOR DE CISALHAMENTO

O Beam188 é utilizado para modelar o conetor de corte. O Beam188 é adequado para analisar estruturas de vigas esbeltas a moderadamente atarracadas/espessas. Este elemento é baseado na teoria de vigas de Timoshenko. Os efeitos de deformação de corte estão incluídos. O Beam188 é um elemento de viga linear (2 nós) ou quadrático em 3-D. O Beam188 tem seis ou sete graus de liberdade em cada nó. Estes incluem translações nas direcções x, y e z e rotações nas direcções x, y e z. Este elemento é adequado para aplicações lineares, de grande rotação e/ou não lineares de grande deformação.

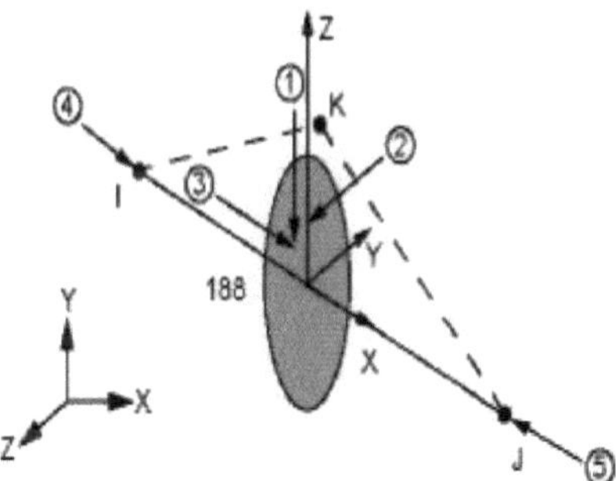

Figura 4.4 Geometria do Beam188

Tabela.4.1 Detalhes do modelo ANSYS

CATEGORIAS	MODELO ANSYS
TIPOS DE ELEMENTOS Betão Aço de reforço Aço enformado a frio Conector de corte	SOLID65 (Não linear) LINK8 (Não linear) SHELL43 (Não linear) BEAM188(Não linear)
PROPRIEDADES DOS MATERIAIS Betão Aço de reforço Aço enformado a frio Conector de corte	Ec=5000√Fck ,v=0.25 Es=2 x10^5 , v=0.3 O mesmo para o conetor de corte, CFS e aço de reforço
CATEGORIAS	**MODELO ANSYS**
DESCRIÇÕES DE MODELOS Abordagem de modelação Tamanho do feixe	Modelo de tamanho normal 100 x 200 x 1700 mm
CONDIÇÕES DE FRONTEIRA Extremidade esquerda Extremidade direita	UY DOF com restrições
TIPO DE CARGA	Carga de dois pontos

4.2 MODELAÇÃO DE UMA VIGA DE BETÃO ARMADO EM TAMANHO REAL

As figuras 4.5 a 4.8 mostram a modelação da viga de betão armado (RC).

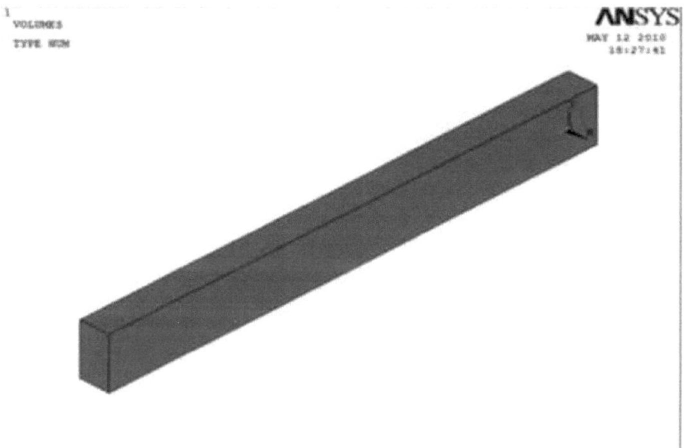

Fig 4.5 Modelação da viga de betão

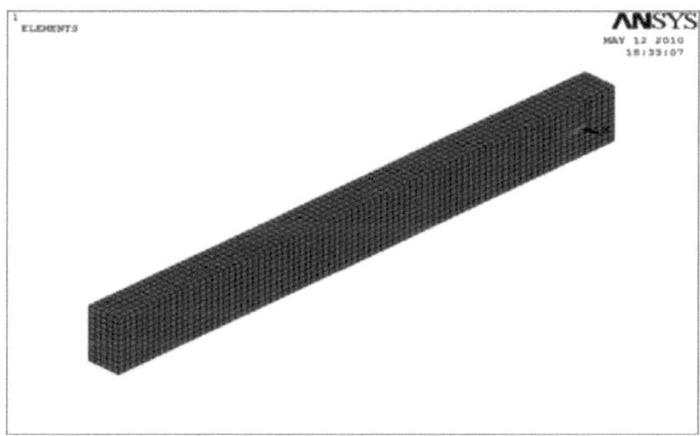

Fig 4.6 Malha da viga de betão

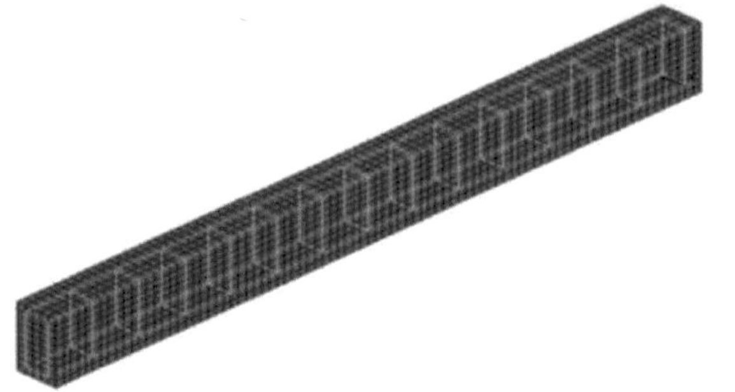

Fig 4.7 Viga de betão com armadura de aço

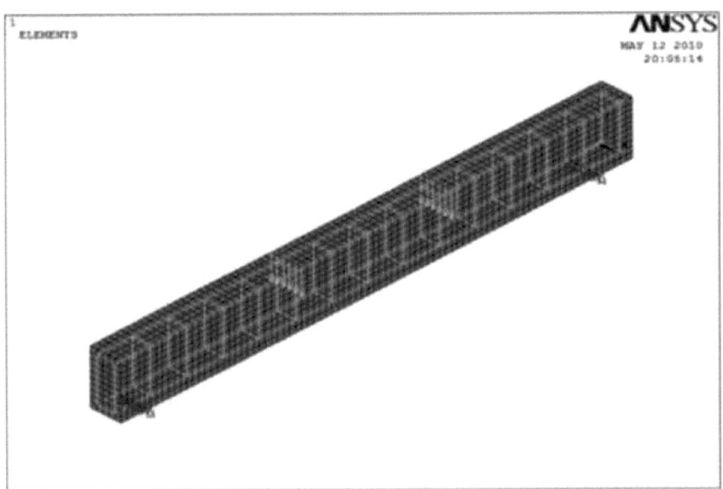

Fig 4.8 Viga RC com condições de carga e apoio.

4.3 MODELAÇÃO DE UMA VIGA MISTA EM TAMANHO REAL (CPAS)

As Fig. 4.9 a 4.13 mostram a modelação da viga mista com padrão alternativo de conetor de corte (CPAS).

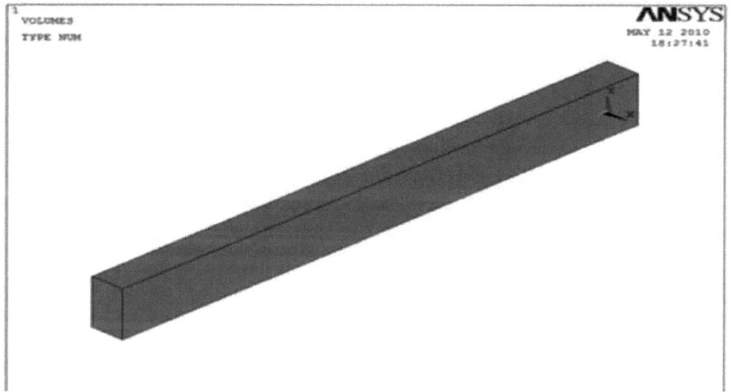

Fig 4.9 Modelação da viga de betão

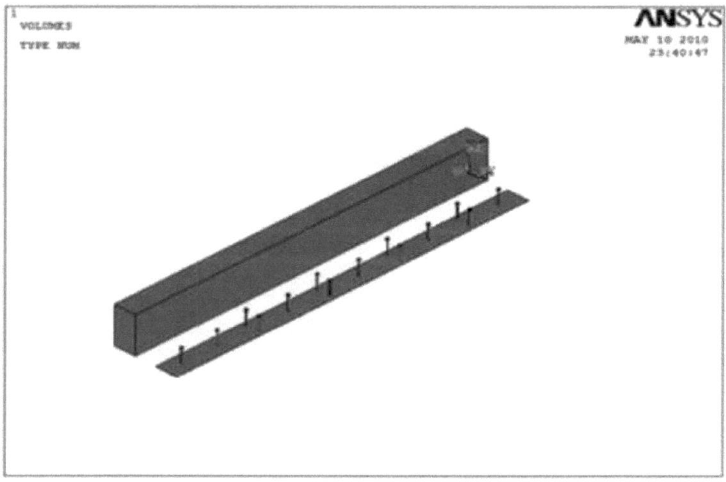

Fig 4.10 Modelação da placa com padrão alternativo de conetor de corte

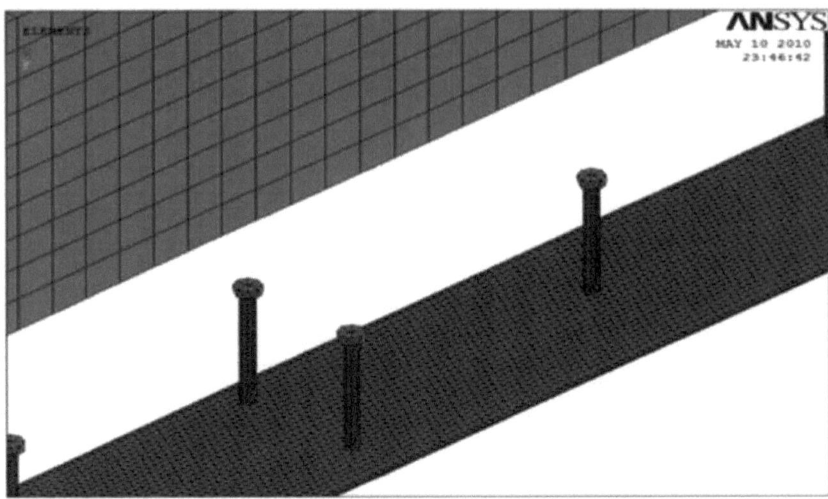

Fig 4.11 Malha da placa e padrão alternativo do conetor de cisalhamento

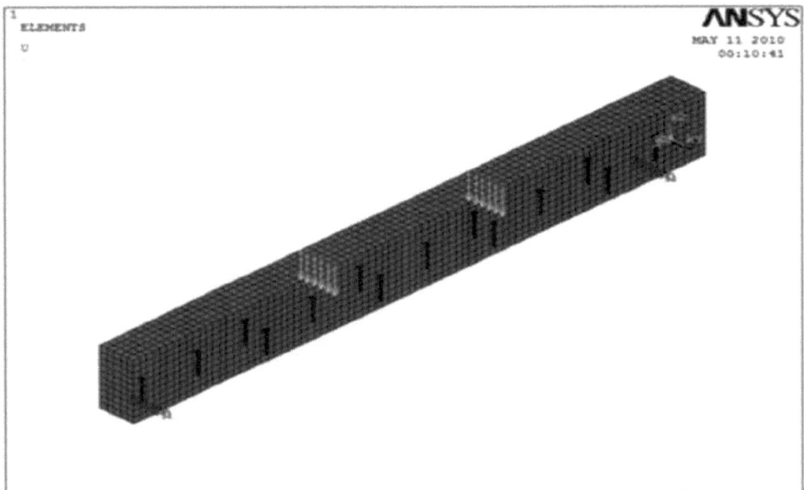

Fig 4.12 CPAS com condições de carga e apoio.

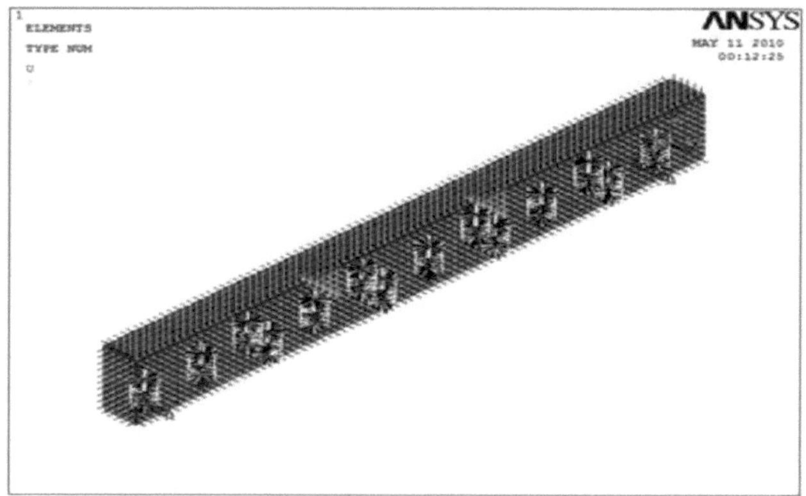

Fig 4.13 Contacto desenvolvido entre o betão e a placa e o conetor de corte

CAPÍTULO 5
RESULTADOS DOS ENSAIOS E DISCUSSÕES

Este capítulo apresenta os resultados dos ensaios de vigas de betão armado e de vigas mistas. O comportamento do provete em termos de resistência à flexão, resistência final, deflexão, rigidez, capacidade de absorção de energia, ductilidade, desenvolvimento de fendas e modo de rotura foi observado a partir do ensaio. As tensões de compressão e de tração da superfície do betão e as tensões na chapa de aço também foram registadas. Os resultados das vigas compostas de aço e betão formadas a frio foram comparados com os de uma viga de betão armado convencional.

5.1 RESULTADOS DO ENSAIO DE FLEXÃO

Os quadros 5.1 a 5.7 apresentam os resultados dos ensaios das vigas RC e das vigas mistas observados durante o ensaio.

Fig 5.1 Viga RC após rotura

Deflexão do anel de prova	Carga em kN	Meio de curso	Sob carga pontual	Observações
		Deflexão em mm	Deflexão em mm	
0	0	0	0	
10	3.13	0.28	0.26	
20	6.25	0.62	0.50	
30	9.38	0.95	0.78	
40	12.50	1.26	1.09	
50	15.63	1.72	1.45	
60	18.75	2.18	1.85	1Crack
70	21.88	2.98	2.54	2,3 Crack
80	25.00	3.39	2.93	4,5 Crack
90	28.13	4.08	3.45	6,7,8 Crack
100	31.25	4.58	3.98	
110	34.38	5.09	4.48	
120	37.50	5.57	4.92	
130	40.63	6.08	5.35	
140	43.75	6.74	5.91	
150	46.88	7.39	6.48	
160	50.00	8.48	7.40	
170	53.13	10.25	8.94	
180	56.25	13.10	11.35	
190	59.38	17.36	14.80	Ultimate

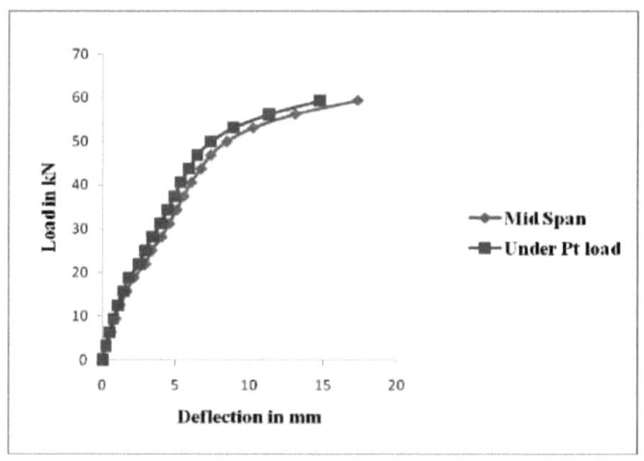

Fig 5.2 Curvas de deflexão de carga da viga RC

Deflexão do anel de prova	**Carga em kN**	**Meio de curso**	**Sob carga pontual**	**Observações**
		Deflexão em mm	Deflexão em mm	
0	0	0	0	
10	3.13	0.25	0.21	
20	6.25	0.45	0.40	
30	9.38	0.65	0.52	
40	12.50	0.92	0.79	
50	15.63	1.21	0.98	
60	18.75	1.40	1.18	
70	21.88	1.82	1.52	
72	22.50	2.27	2.02	1 fenda
80	25.00	2.65	2.35	2 fendas
90	28.13	3.10	2.66	3,4 fendas
100	31.25	3.55	3.04	5 fendas
110	34.38	4.15	3.70	6 fendas
120	37.50	4.77	4.14	7,8 fendas
130	40.63	5.55	4.80	
140	43.75	6.25	5.68	
150	46.88	8.75	7.68	
160	50.00	11.60	10.60	
170	53.13	18.80	16.35	Ultimate

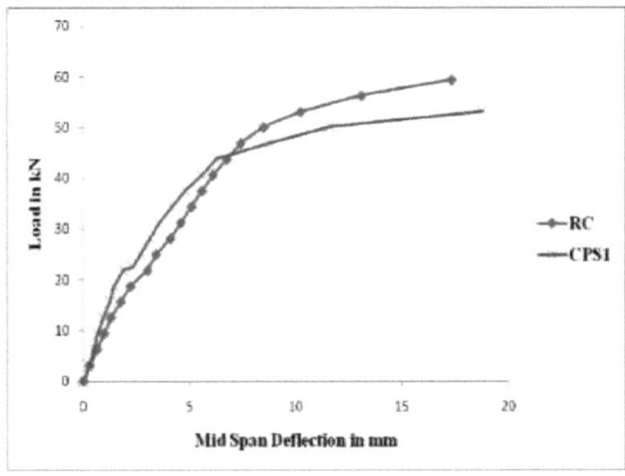

Fig 5.3 Curvas de deflexão de carga de RC e CPS1

Deflexão do anel de prova	Carga em kN	Médio alcance	Sob carga pontual	Observações
		Deflexão em mm	Deflexão em mm	
0	0	0	0	
10	3.13	0.43	0.30	
20	6.25	0.77	0.47	
30	9.38	1.15	0.68	
40	12.50	1.34	0.89	
50	15.63	1.65	1.11	
60	18.75	2.05	1.80	
70	21.88	3.00	2.20	1 fenda
80	25.00	3.50	2.71	2 fendas
90	28.13	4.05	3.10	3 fendas
100	31.25	4.60	3.50	4,5 fendas
110	34.38	5.25	4.00	6 fendas
120	37.50	5.85	4.50	
130	40.63	6.50	5.07	
140	43.75	8.15	6.55	
150	46.88	13.40	10.70	
160	50.00	19.10	15.82	
170	53.13	23.65	19.35	
173	54.06	25.20	21.17	Ultimate

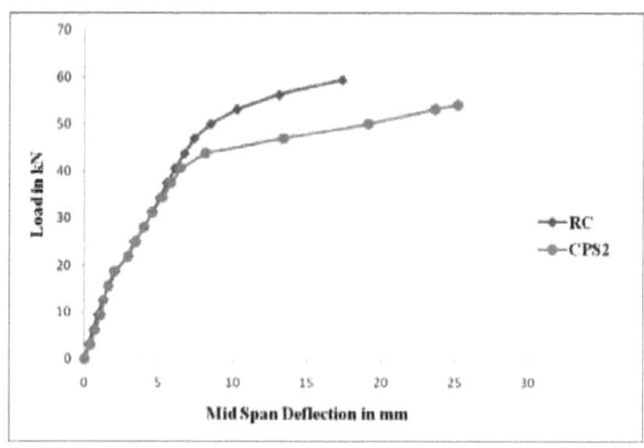

Fig 5.4 Curvas de deflexão de carga de RC e CPS2

Deflexão do anel de prova	Carga em kN	Meio de curso	Sob carga pontual	Observações
		Deflexão em mm	Deflexão em mm	
0	0	0	0	
10	3.13	0.29	0.10	
20	6.25	0.55	0.45	
30	9.38	0.74	0.54	
40	12.50	0.98	0.75	
50	15.63	1.35	0.95	
60	18.75	1.65	1.25	
70	21.88	2.00	1.55	
76	23.65	2.98	1.95	1 fenda
80	25.00	3.65	2.50	2 fendas
90	28.13	4.28	3.20	3 fendas
100	31.25	4.95	4.20	4,5 fendas
110	34.38	5.65	5.10	6 fendas
120	37.50	6.12	5.90	7 fendas
130	40.63	6.85	6.50	
140	43.75	7.40	7.10	
150	46.88	8.50	7.80	
160	50.00	11.50	9.50	
170	53.13	14.50	11.50	
180	56.25	18.50	13.35	
190	59.38	21.23	15.50	
196	61.36	24.32	20.25	Final

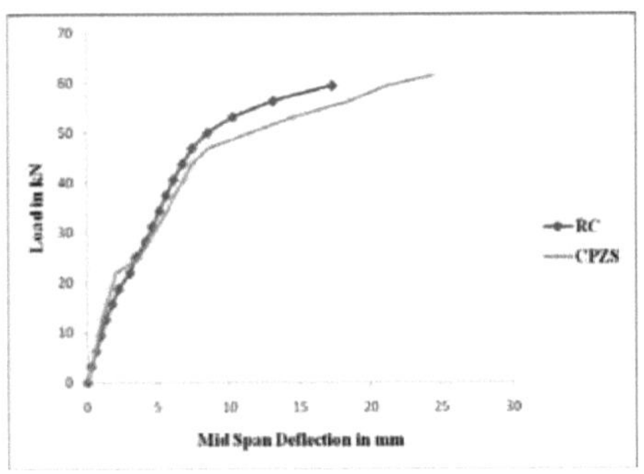

Fig 5.5 Curvas de deflexão de carga de RC e CPZS

Quadro 5.5 Resultados dos ensaios do CPCS

Deflexão do anel de prova	Carga em kN	Meio de curso	Sob carga pontual	Observações
		Deflexão em mm	Deflexão em mm	
0	0	0	0	
10	3.13	0.30	0.25	
20	6.25	0.60	0.52	
30	9.38	0.90	0.80	
40	12.50	1.30	1.09	
50	15.63	1.70	1.45	
60	18.75	2.20	1.85	
70	21.88	2.73	2.20	
73	22.81	3.40	2.45	1 fenda
80	25.00	3.64	2.70	2 fendas
90	28.13	3.80	3.10	3 fendas
100	31.25	4.40	3.52	4 fendas
110	34.38	5.08	4.10	5,6 fendas
120	37.50	5.70	4.90	
130	40.63	6.30	5.39	
140	43.75	7.25	6.10	
150	46.88	10.20	8.25	
160	50.00	15.10	11.45	
170	53.13	22.89	19.35	
175	54.69	29.14	23.65	Final

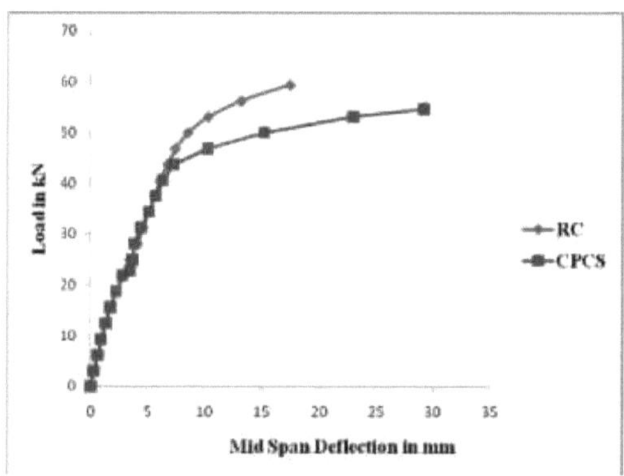

Fig 5.6 Curvas de deflexão de carga de RC e CPCS

Deflexão do anel de prova	Carga em kN	Meio de curso	Sob carga pontual	Observações
		Deflexão em mm	Deflexão em mm	
0	0	0	0	
10	3.13	0.08	0.04	
20	6.25	0.16	0.09	
30	9.38	0.38	0.20	
40	12.50	0.68	0.35	
50	15.63	0.93	0.56	
60	18.75	1.23	0.96	
70	21.88	1.61	1.22	
80	25.00	2.21	1.60	1 fenda
90	28.13	2.96	1.99	2 fendas
100	31.25	3.36	2.50	3 fendas
110	34.38	4.11	3.06	4 fendas
120	37.50	4.71	3.40	5 ,6 fissura
130	40.63	5.19	3.96	7 fendas
140	43.75	5.79	4.40	
150	46.88	6.47	4.80	
160	50.00	7.22	5.30	
170	53.13	9.17	8.06	
180	56.25	12.21	10.65	
190	59.38	16.46	15.00	
200	62.50	22.16	20.05	Ultimate

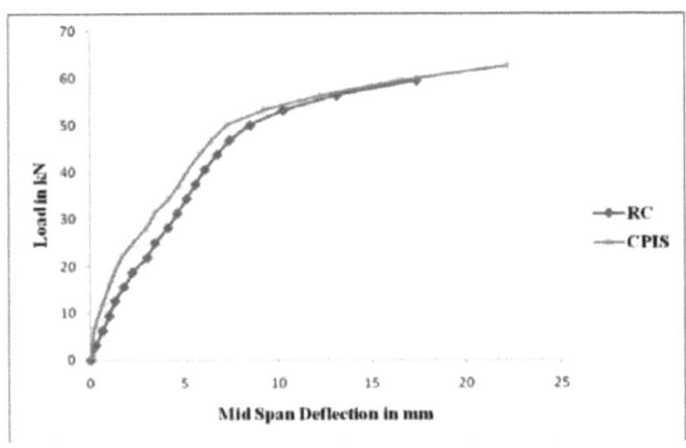

Fig 5.7 Curvas de deflexão de carga de RC e CPIS

Deflexão do anel de prova	Carga em kN	Meio de curso	Sob carga pontual	Observações
		Deflexão em mm	Deflexão em mm	
0	0	0	0	
10	3.13	0.26	0.11	
20	6.25	0.40	0.19	
30	9.38	0.54	0.32	
40	12.50	0.75	0.45	
50	15.63	1.10	0.60	
60	18.75	1.40	0.90	
70	21.88	1.95	1.60	
79	24.68	2.54	2.10	1 fenda
90	28.13	3.45	2.48	
100	31.25	4.25	3.00	2 fendas
110	34.38	5.30	3.85	3 fendas
120	37.50	5.55	4.05	
130	40.63	6.04	4.42	4 fendas
140	43.75	6.67	4.94	5 fendas
150	46.88	7.40	5.59	6 fendas
160	50.00	7.95	6.10	7 fendas
170	53.13	8.70	6.80	
180	56.25	9.80	7.69	
190	59.38	11.8	9.25	
200	62.50	17.62	13.18	
210	65.63	24.40	19.10	
220	68.76	32.90	22.30	Final

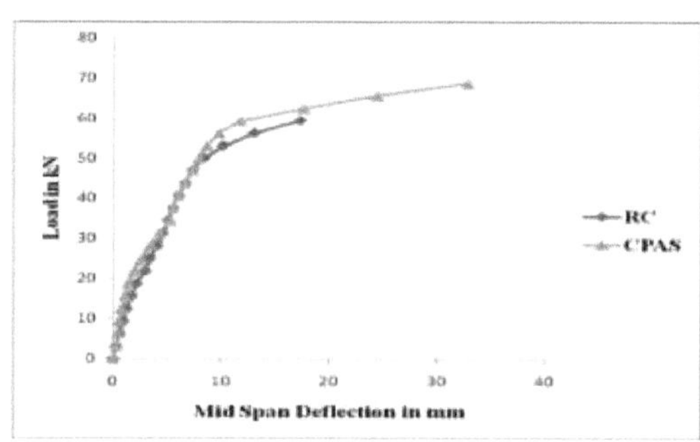

Fig 5.8 Curvas de deflexão de carga de RC e CPAS

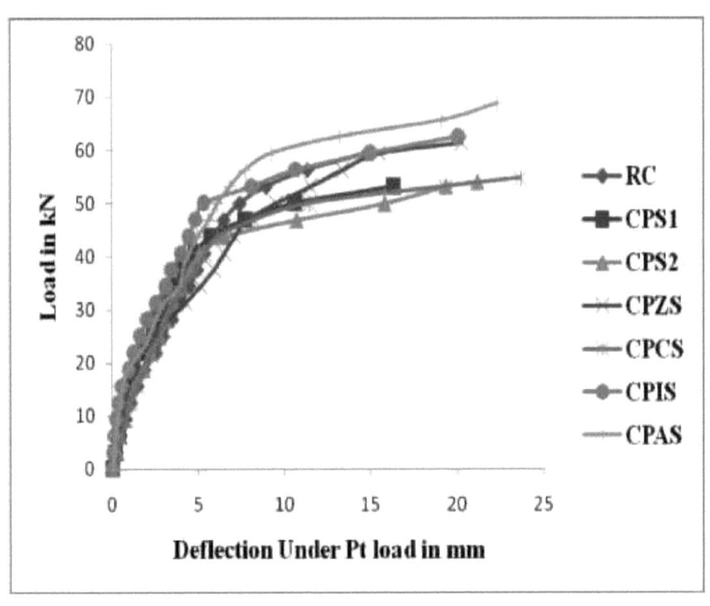

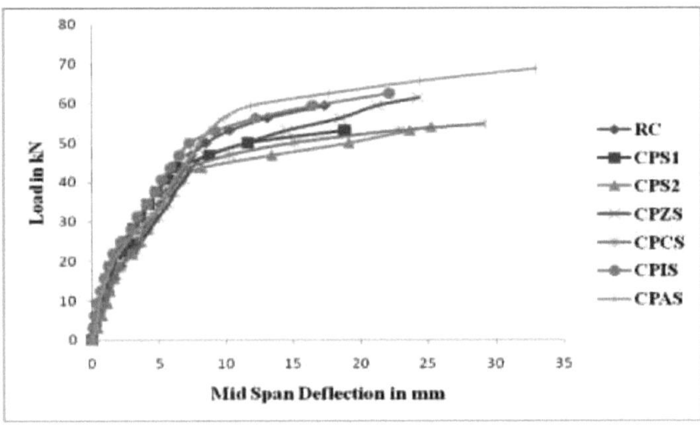

Fig 5.9 Curvas de deflexão de carga de vigas RC e compósitas.

5.2 DISCUSSÃO

5.2.1 Resultados do ensaio de flexão

A Tabela 5.8 mostra a carga da primeira fenda, a carga final e as deflexões de todos os espécimes ensaiados para flexão.

Tabela 5.8 Comparação da viga mista com a viga de controlo

Designação do feixe	CARREGAR		DEFLEXÃO		% de aumento/diminuição em relação a RC (carga de primeira fenda)	% de aumento/diminuição em relação a RC (carga máxima)
	Carga da primeira fenda (kN)	Carga máxima (kN)	Meio vão Deflexão na primeira fenda (mm)	Deformação a meio do vão à carga máxima (mm)		
RC	18.75	59.38	2.18	17.36	-	-
CPS1	22.50	53.13	2.27	18.80	20.00	-10.52
CPS2	21.88	54.06	3.00	25.20	16.69	-8.95
CPZS	23.65	61.36	2.98	24.32	26.13	3.33
CPCS	22.81	54.69	3.40	29.14	21.65	-7.89
CPIS	25.00	62.50	2.21	22.16	33.33	5.25
CPAS	24.68	68.76	2.54	32.90	31.62	15.79

Comparando os resultados do ensaio de flexão apresentados na Tabela 5.8, observa-se que a viga mista com padrão alternativo de conectores de corte (CPAS) tem uma capacidade de carga última 16% superior à da viga RC e sofre uma maior deflexão a meio do vão, ou seja, 32,90 mm, o que corresponde a 1,9 vezes a deflexão da viga de betão armado (RC).

As vigas compósitas (CPIS e CPZS) têm uma capacidade de carga última ligeiramente superior à da viga RC. A capacidade de carga última das outras vigas compósitas (CPS1, CPS2 e CPCS) é inferior à da viga de CCR, mas a capacidade de carga de todas as vigas compósitas até à primeira carga de fendilhação é superior à da viga de CC.

A seguir à CPAS, a CPIS tem uma capacidade de carga última de 62,5 kN e a primeira carga de fendilhação de 25 kN. Mas a deflexão a meio do vão é inferior à das outras vigas compósitas. A capacidade de carga é superior à do RC, mas a deflexão é menor até à cedência, como se mostra na Fig. 5.7. Isto deve-se à disposição inclinada do conetor de corte.

O comportamento à flexão das vigas mistas (CPS2, CPZS, CPCS e CPAS) é semelhante ao das vigas de betão armado (RC) até à zona de cedência. A capacidade de carga e a deflexão aumentam mais na zona de rotura, como se pode ver na Fig. 5.9. O CPAS tem uma capacidade de carga final superior à da viga RC. Isto deve-se à disposição do conetor de corte de forma alternada. Esta disposição mantém o aço enformado a frio bem junto ao betão. O fluxo de cisalhamento na interface entre o betão e o aço é bom, pelo que a disposição alternada dos conectores de cisalhamento melhora o comportamento do provete em termos de resistência à flexão, resistência final e caraterísticas de deflexão.

5.2.2 DUCTILIDADE

O índice de ductilidade, definido como o rácio entre a deformação última a meio do vão e a deformação a meio do vão à primeira carga de fendilhação das vigas reforçadas e compósitas, é apresentado no Quadro 5.9

Tabela 5.9 Comparação das deflexões e do índice de ductilidade

Designação do feixe	Deflexão do meio do vão da primeira fenda δy (mm)	Deformação máxima do meio do vão δu (mm)	Índice de ductilidade D.I =δUδy	% Aumento da ductilidade em relação à RC
RC	2.18	17.36	7.96	-
CPS1	2.27	18.80	8.28	4.02
CPS2	3.00	25.20	8.40	5.52
CPZS	2.98	24.32	8.16	2.51
CPCS	3.40	29.14	8.57	7.66
CPIS	2.21	22.16	10.03	26.00
CPAS	2.54	32.90	12.95	62.68

A Tabela 5.9 mostra que todas as vigas mistas têm um índice de ductilidade superior ao da viga de betão armado. A viga mista com padrão alternativo de conectores de corte (CPAS) tem um índice de ductilidade superior ao da viga de betão armado (RC). O aumento percentual da ductilidade do CPAS em relação ao provete de controlo (RC) é de 62,68% e o do CPIS em relação ao provete de controlo (RC) é de 26%. Exceptuando o CPAS e o CPIS, as outras vigas compósitas têm mais ou menos o mesmo índice de ductilidade e o seu aumento percentual no índice de ductilidade é inferior a 8%. Assim, o padrão alternativo de conectores de corte melhora o desempenho da ductilidade da viga mista.

5.2.3 ESTILO

A rigidez pode ser definida como a carga necessária para provocar uma deformação unitária. Os valores de rigidez do provete de controlo e dos provetes de viga mista à carga máxima e à carga de primeira fissura são apresentados nos quadros 5.10 e 5.11, respetivamente. A redução percentual da rigidez é apresentada no quadro 5.12

Tabela 5.10 Valores de rigidez à primeira carga de fissuração

Designação do feixe	Carga da primeira fenda (kN)	Meio vão Deflexão à carga da primeira fenda (mm)	Rigidez kN/mm
RC	18.75	2.18	8.60
CPS1	22.50	2.27	9.91
CPS2	21.88	3.00	7.29
CPZS	23.65	2.98	7.93
CPCS	22.81	3.40	6.70
CPIS	25.00	2.21	11.31
CPAS	24.68	2.54	9.72

Tabela 5.11 Valores de rigidez à carga máxima

Designação do feixe	Carga máxima (kN)	Deformação a meio do vão à carga máxima (mm)	Rigidez kN/mm
RC	59.38	17.36	3.42
CPS1	53.13	18.80	2.82
CPS2	54.06	25.20	2.14
CPZS	61.36	24.32	2.52
CPCS	54.69	29.14	1.87
CPIS	62.50	22.16	2.82
CPAS	68.76	32.90	2.08

Tabela 5.12 Redução da rigidez

Feixe Designação	Rigidez a		% de redução em Rigidez
	Carga da primeira fissura	Carga máxima	
RC	8.60	3.42	60.23
CPS1	9.91	2.82	71.54
CPS2	7.29	2.14	70.64
CPZS	7.93	2.52	68.22
CPCS	6.70	1.87	72.08
CPIS	11.31	2.82	75.06
CPAS	9.72	2.08	78.60

A Tabela 5.10 mostra que os valores de rigidez da viga mista com padrão inclinado do conetor de corte (CPIS) são superiores aos das outras vigas até à primeira carga de fendilhação. Isto mostra que o padrão inclinado do conetor de cisalhamento segura o betão e torna-o mais rígido. Por este motivo, a deflexão é menor do que a das outras vigas compósitas e o início da fendilhação também é retardado, dando origem a uma carga de primeira fendilhação mais elevada.

A partir da Tabela 5.12, observa-se que a redução da rigidez da viga de betão armado é menor do que a das outras vigas. Isto mostra que a viga de betão armado é mais rígida do que as outras vigas. Esta rigidez reduz as caraterísticas de deformação da viga.

A Tabela 5.11 mostra que a viga mista com a combinação de dois tipos de conectores de corte (CPCS) tem um valor de rigidez inferior, o que se deve à descolagem da placa na região dos conectores de pernos e à encurvadura local da placa. Por conseguinte, este valor não pode ser considerado como a rigidez efectiva. A viga mista com padrão alternativo de conectores de corte (CPAS) também tem um valor de rigidez inferior ao das outras vigas mistas e ao da viga de betão armado. Isto mostra que a viga não é rígida e, por isso, sofre mais deformações. Esta rigidez é tida em conta porque a descolagem é menor do que noutras vigas e não ocorreu encurvadura local na placa.

Isto mostra que a ligação entre o betão e o aço com um padrão alternativo de conetor de corte é boa.

5.2.4 CAPACIDADE DE ABSORÇÃO DE ENERGIA

A absorção de energia é a energia absorvida ou armazenada por um elemento quando é efectuado um trabalho sobre ele para o deformar e é designada por energia de deformação ou resiliência. A absorção de energia é calculada como a área sob a curva carga versus deformação a meio do vão até à primeira carga de fendilhação. Os valores de absorção de energia da viga de controlo e das vigas mistas são apresentados na Tabela 5.13.

Tabela 5.13 Absorção de energia para vários espécimes

Designação do feixe	Absorção de energia em kN-mm
RC	21.87
CPS1	31.25
CPS2	35.62
CPZS	42.50
CPCS	47.50
CPIS	36.87
CPAS	40.62

A Tabela 5.13 mostra que as capacidades de absorção de energia de todas as vigas são superiores às da viga RC. A viga mista com a combinação de dois tipos de ligadores de corte (CPCS) tem uma capacidade de absorção de energia superior à das outras vigas mistas. No entanto, devido à descolagem da placa, o comportamento compósito perde-se. As vigas mistas (CPZS, CPAS) também têm uma capacidade de absorção de energia superior à das vigas de betão armado. Isto mostra que as vigas mistas oferecem maior resistência à carga aplicada.

5.2.5 DUCTILIDADE ENERGÉTICA

A ductilidade energética pode ser definida como a relação entre a energia absorvida até à primeira fissura e a energia absorvida até à carga máxima. Pode ser obtida dividindo a área sob a curva carga-deformação até à última, pela área sob a curva carga-deformação até à carga da primeira fissura. Os índices de resistência à flexão da viga de controlo e das vigas mistas são apresentados no Quadro 5.14.

Tabela 5.14 Ductilidade energética para vários espécimes

Feixe Designação	**Absorção de energia até à primeira carga de fissura (A) kN-mm**	**Absorção de energia até à carga máxima (B) kN-mm**	**Energia Ductilidade I=B/A**
RC	21.87	696.25	31.83
CPS1	31.25	797.50	25.52
CPS2	35.62	1010.25	28.36
CPZS	42.50	1055.25	24.82
CPCS	47.50	1476.66	31.08
CPIS	36.87	1042.50	28.27
CPAS	40.62	1792.50	44.12

A Tabela 5.14 mostra que a ductilidade energética é mais elevada para a viga mista com padrão alternativo de conetor de corte (CPAS). O CPAS apresenta um melhor desempenho em termos de ductilidade, devido à ligação entre o aço e o betão. Assim, o padrão alternativo de conectores de corte melhora o desempenho da ductilidade da viga mista.

5.2.6 PADRÕES DE FISSURAS

Os padrões de fissuras dos espécimes são apresentados nas Figuras 5.10 a 5.17.

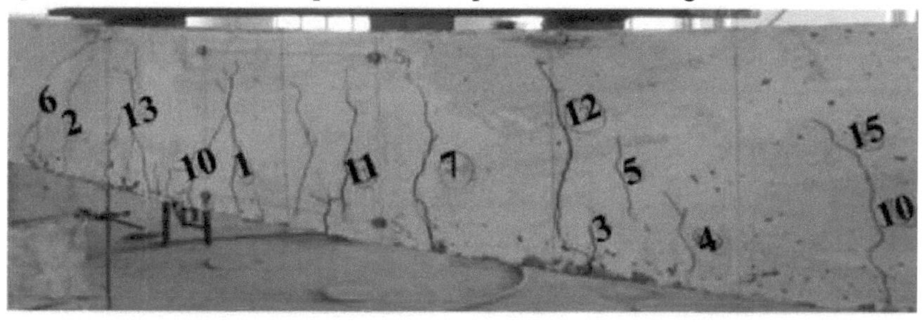

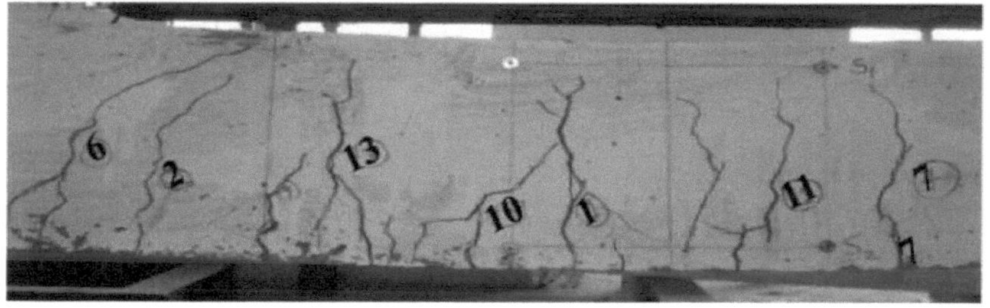

Fig 5.10 Padrão de fissuras da viga RC

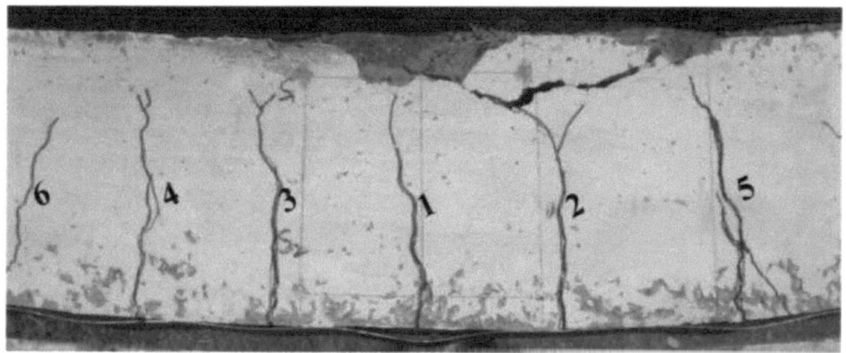

Fig 5.11 Padrão de fissuras do CPS1

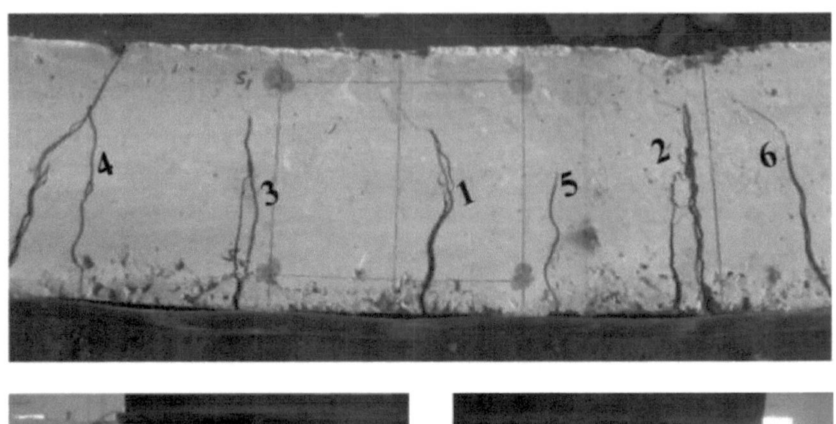

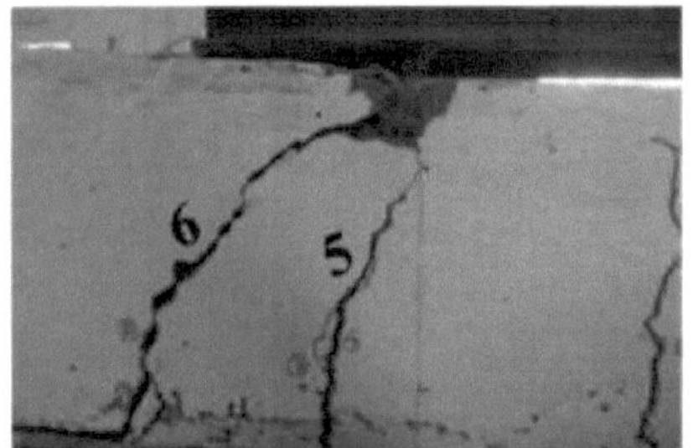

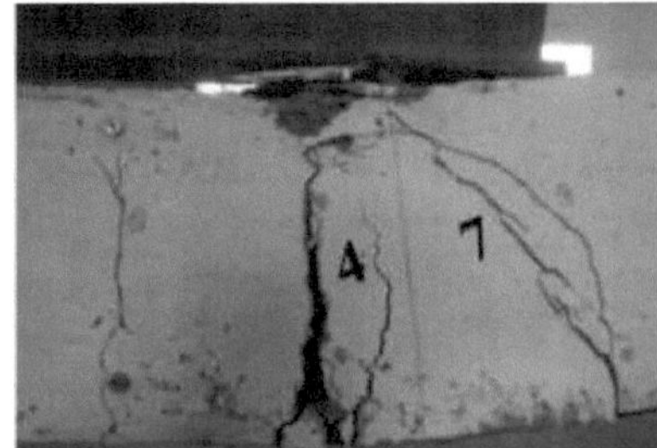

Fig 5.12 Padrão de fissuras do CPS2

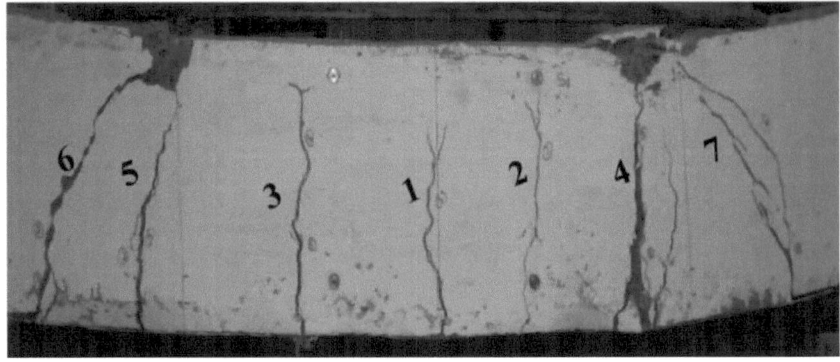

Fig 5.13 Padrão de fissuras do CPZS

Fig 5.14 Padrão de fissuras do CPCS

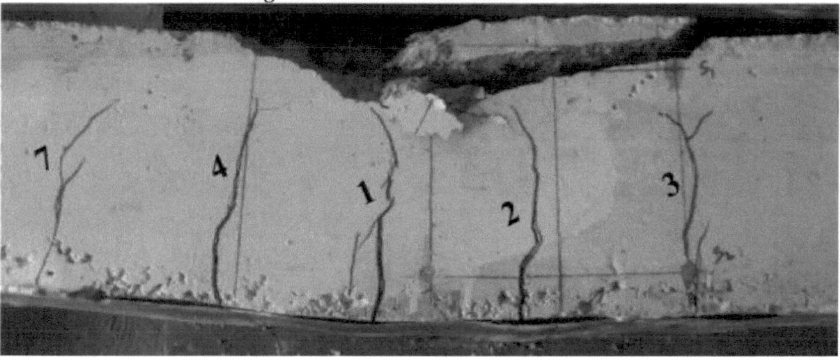

Fig 5.15 Padrão de fissuras do CPIS

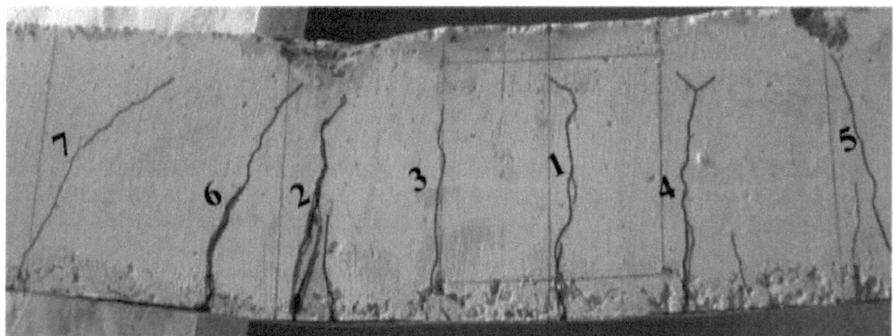

Fig 5.16 Padrão de fissuras do CPAS

Fig 5.17 Padrão de fissuras de todos os espécimes

Modo de falha

1. A viga de betão armado (RC) falhou na zona de flexão.

2. Após a primeira carga de fissuração, a armadura começou a ceder e formou-se um maior número de fissuras na zona de flexão e estendeu-se para as cargas pontuais com o aumento das cargas.

3. Na carga máxima, a rotura da viga RC ocorreu com esmagamento do betão na zona de compressão.

4. Na viga RC, formou-se um maior número de fissuras na zona de flexão e de flexão-cisalhamento. Não se formaram fissuras de cisalhamento porque a viga foi projectada para ser segura ao cisalhamento.

5. Todas as vigas compósitas falharam na zona de flexão.

6. Na carga máxima, a rotura das vigas mistas ocorreu com esmagamento do betão na zona de compressão, exceto no CPCS.

7. No CPS1, após a primeira carga de fissuração, formaram-se fissuras importantes na região de flexão e estenderam-se em direção às cargas pontuais. Não se formaram fissuras menores. Após a primeira fissura, ocorreu a encurvadura local da chapa de aço enformada a frio. A descolagem da chapa ocorreu apenas sob carga pontual e a meio

do vão.

8. No CPS2, ocorreu a encurvadura local da chapa de aço enformada a frio. A separação da chapa ocorreu em todo o comprimento efetivo da viga. O número de fissuras formadas foi inferior ao do CPS1. O esmagamento do betão é menor no CPS2 do que no CPS1.

9. No CPZS, a encurvadura local da placa foi menor no CPZS do que no CPS1 e no CPS2. A largura da fissura e o esmagamento do betão foram superiores aos do CPS1 e do CPS2.

10. No CPCS, a encurvadura local da placa foi maior do que noutras vigas compósitas. A largura da fenda é menor do que noutras vigas.

11. No CPIS, a encurvadura local da placa ocorreu apenas na zona de flexão.

12. No CPAS, o descolamento da chapa de aço é menor do que noutras vigas compósitas. Não se regista encurvadura local da chapa.

5.2.7 CURVA TENSÃO - DEFORMAÇÃO

As deformações são medidas na superfície superior e inferior do provete utilizando um medidor de deformações mecânico. Os botões são colocados a 10 cm do topo para medir a tensão de compressão no betão (S1) e os botões são colocados a 20 cm da base para medir a tensão de tração (S2). A deformação de compressão é considerada negativa e a deformação de tração é considerada positiva.

As tabelas 5.15 e 5.16 mostram as observações de tensão-deformação medidas em S1 e S2, respetivamente. O CPZS sofreu uma maior deformação por compressão em S1 e o CPCS sofreu uma menor deformação por compressão em S1, como se pode ver nas Fig. 5.13 e 5.15. O CPS2 e o CPIS sofreram uma maior deformação por tração em S2. A Tabela 5.17 mostra as observações de tensão deformação medidas na parte inferior da viga, isto é, na chapa de aço. O CPAS sofreu mais tensão de tração na chapa de aço do que as outras vigas compósitas.

As Fig.5.18, 5.19 e 5.20 mostram as curvas tensão-deformação para vigas RC, compostas e em chapa de aço.

Tabela 5.15 Observação da deformação por tensão-compressão

STRESS N/mm²	RC S1	CPSI SI	CPS2 SI	CPZS SI	CPCS SI	CPIS SI	CPAS SI
1.17	-0.00003	0.00000	-0.00001	-0.00001	-0.00001	-0.00001	-0.00001
2.34	-0.00001	-0.00001	-0.00001	-0.00002	-0.00001	-0.00001	-0.00002
3.52	-0.00007	-0.00002	-0.00002	-0.00005	-0.00002	-0.00002	-0.00005
4.69	-0.00010	-0.00005	-0.00003	-0.00006	-0.00002	-0.00005	-0.00006
5.86	-0.00014	-0.00006	-0.00005	-0.00009	-0.00002	-0.00006	-0.00009
7.03	-0.00016	-0.00009	-0.00009	-0.00015	-0.00002	-0.00007	-0.00015
8.21	-0.00020	-0.00015	-0.00019	-0.00020	-0.00004	-0.00015	-0.00020
9.38	-0.00035	-0.00020	-0.00021	-0.00030	-0.00003	-0.00020	-0.00030
10.55	-0.00056	-0.00030	-0.00024	-0.00040	-0.00004	-0.00030	-0.00040
11.72	-0.00065	-0.00040	-0.00026	-0.00060	-0.00006	-0.00040	-0.00060
12.89	-0.00080	-0.00060	-0.00028	-0.00070	-0.00007	-0.00060	-0.00070
14.06	-0.00090	-0.00070	-0.00030	-0.00080	-0.00008	-0.00070	-0.00080
15.24	-0.00120	-0.00080	-0.00032	-0.00090	-0.00009	-0.00080	-0.00090
16.41	-0.00140	-0.00090	-0.00033	-0.00100	-0.00010	-0.00085	-0.00100
17.58	-0.00180	-0.00100	-0.00038	-0.00180	-0.00018	-0.00100	-0.00130
18.75	-0.00210	-0.00130	-0.00042	-0.00200	-0.00020	-0.00170	-0.00180
19.92	-0.00220	-0.00180	-0.00046	-0.00250	-0.00021	-0.00200	-0.00200
21.09	-0.00220			-0.00240	-0.00024	-0.00220	-0.00220
22.27	-0.00250			-0.00260		-0.00240	-0.00240
23.44				-0.00290		-0.00250	-0.00250
24.61							-0.00260
25.79							-0.00271

Tabela 5.16 Observação da tensão-deformação à tração

TENSÃO	RC	CPS1	CPS2	CPZS	CPCS	CPIS	CPAS
N/mm^2	S2	S2	S2	S2	S2	S2	S2
1.17	0.00008	0.00035	0.00002	0.00009	0.00001	0.00009	0.00003
2.34	0.00005	0.00062	0.00003	0.00010	0.00001	0.00010	0.00005
3.52	0.00006	0.00065	0.00004	0.00015	0.00002	0.00015	0.00006
4.69	0.00008	0.00070	0.00005	0.00018	0.00002	0.00018	0.00008
5.86	0.00014	0.00073	0.00007	0.00023	0.00003	0.00023	0.00014
7.03	0.00016	0.00076	0.00009	0.00026	0.00004	0.00026	0.00016
8.21	0.00018	0.00085	0.00010	0.00030	0.00004	0.00030	0.00018
9.38	0.00020	0.00090	0.00012	0.00035	0.00005	0.00035	0.00020
10.55	0.00023	0.00093	0.00015	0.00039	0.00005	0.00039	0.00023
11.72	0.00025	0.00100	0.00020	0.00044	0.00005	0.00044	0.00025
12.89	0.00026	0.00102	0.00025	0.00049	0.00009	0.00049	0.00026
14.06	0.00029	0.00105	0.00035	0.00055	0.00019	0.00055	0.00029
15.24	0.00025	0.00120	0.00050	0.00063	0.00021	0.00063	0.00025
16.41	0.00027	0.00130	0.00100	0.00072	0.00022	0.00072	0.00027
17.58	0.00032	0.00145	0.00150	0.00085	0.00025	0.00085	0.00032
18.75	0.00047	0.00165	0.00200	0.00097	0.00030	0.00097	0.00047
19.92	0.00058	0.00197	0.00265	0.00121	0.00032	0.00121	0.00058
21.09	0.00080			0.00130	0.00034	0.00141	0.00080
22.27	0.00134			0.00140		0.00174	0.00095
23.44				0.00150		0.00201	0.00120
24.61							0.00133
25.79							0.00170

Fig 5.18 Curva tensão-deformação de RC

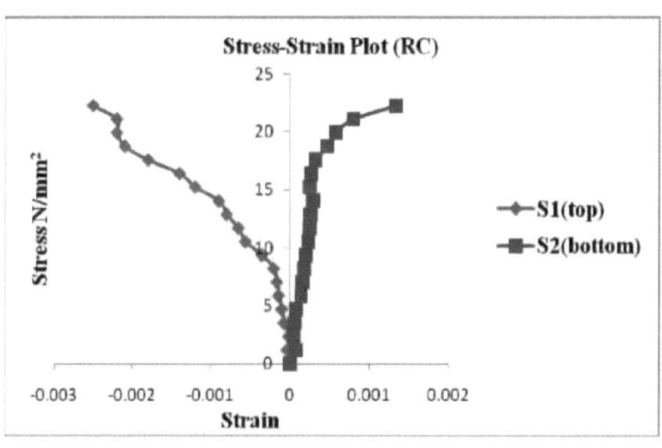

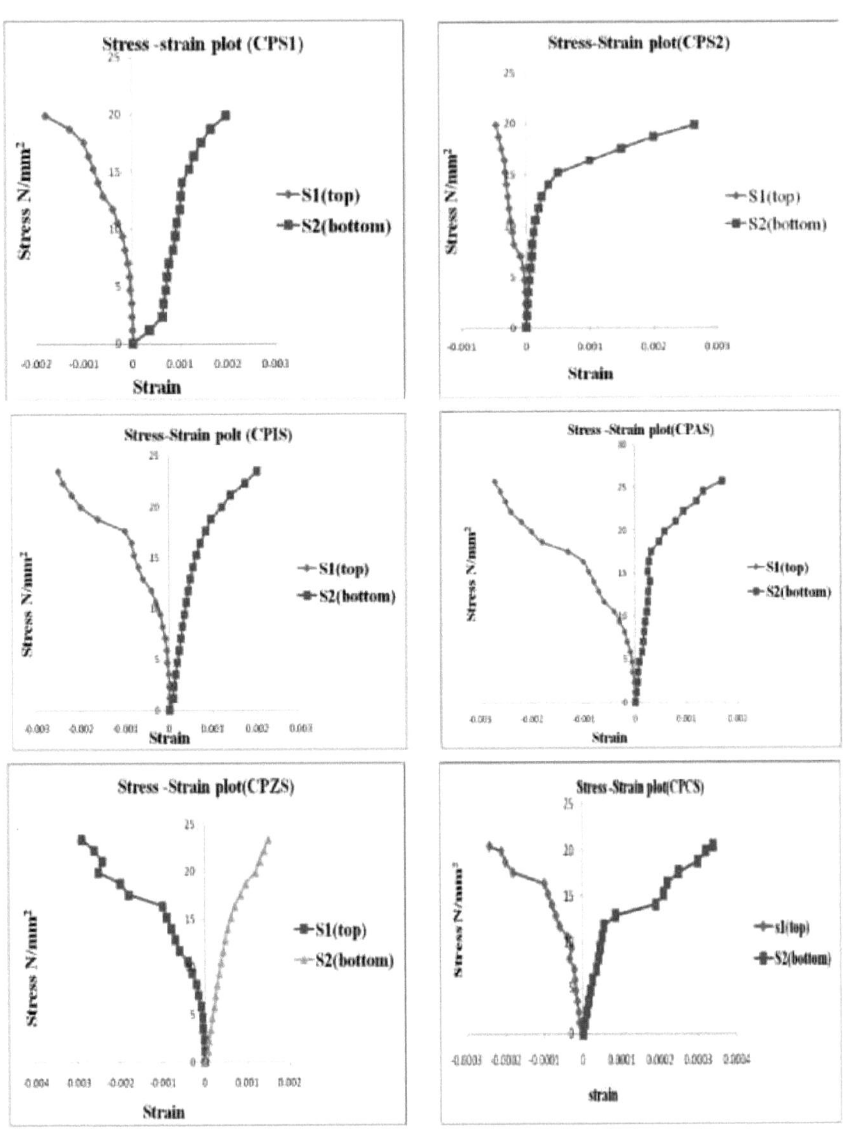

Fig 5.19 Curva tensão-deformação de vigas compósitas

Tabela 5.17 Observação da tensão-deformação de tração da chapa de aço

ESTREL	TENSÃO DE TRACÇÃO EM CHAPA DE AÇO					
AS S N/mm²	CPS1	CPS2	CPZS	CPCS	CPIS	CPAS
0.00	0.000000	0.000000	0.000000	0.000000	0.000000	0.000000
1.17	0.000030	0.000050	0.000010	0.000020	0.000056	0.000032
2.34	0.000042	0.000063	0.000019	0.000059	0.000028	0.000053
3.52	0.000080	0.000140	0.000066	0.000109	0.000121	0.000240
4.69	0.000100	0.000159	0.000095	0.000247	0.000165	0.000915
5.86	0.000123	0.000355	0.000289	0.000587	0.000240	0.000968
7.03	0.000157	0.000450	0.000509	0.000844	0.000277	0.001133
8.21	0.000169	0.000513	0.000798	0.000884	0.000292	0.001620
9.38	0.000220	0.000640	0.000965	0.001021	0.000300	0.001995
10.55	0.000271	0.000679	0.001163	0.001254	0.000412	0.002040
11.72	0.000321	0.000702	0.001436	0.001592	0.000464	0.002235
12.89	0.000381	0.000773	0.001596	0.001648	0.000622	0.002625
14.06	0.000499	0.001097	0.001862	0.001688	0.000824	0.002820
15.24	0.000618	0.001144	0.002113	0.001954	0.000951	0.002835
16.41	0.000753	0.001539	0.002204	0.001930	0.001131	0.003030
17.58	0.000946	0.001657	0.002356	0.002010	0.001483	0.003060
18.75	0.001108	0.002051	0.002584	0.002814	0.001535	0.003090
19.92	0.001768	0.002967	0.002774	0.003538	0.001663	0.003263
21.09			0.003192		0.001873	0.003405
22.27			0.003633		0.002322	0.003525
23.44					0.003056	0.003900
24.61						0.004425
25.79						0.004875

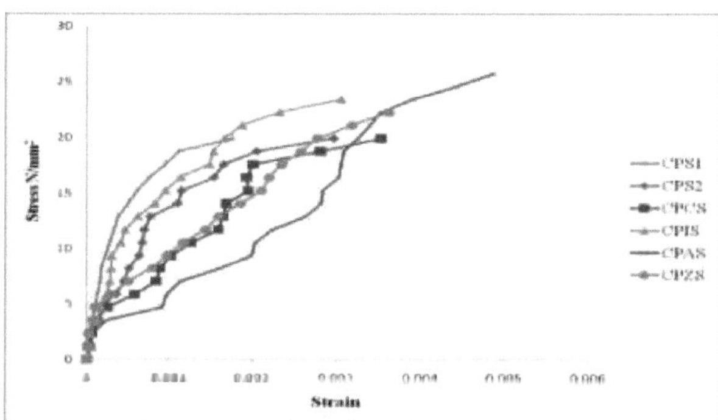

Fig 5.20 Curva tensão-deformação da chapa de aço

5.2.8 MOMENTO vs. ROTAÇÃO

O defletómetro é colocado na extremidade superior da viga para medir a deflexão. A partir das deflexões, são calculadas as rotações.

Tabela 5.18 Momento vs. capacidade de rotação

Momento em kNm	**Rotação em radianos**						
	RC	CPS1	CPS2	CPZS	CPCS	CPIS	CPAS
0.00	0.0000	0.0000	0.0000	0.0000	0.0000	0.0000	0.0000
1.57	0.0007	0.0007	0.0011	0.0008	0.0008	0.0002	0.0007
3.13	0.0017	0.0012	0.0021	0.0015	0.0016	0.0004	0.0011
4.69	0.0025	0.0017	0.0031	0.0020	0.0024	0.0010	0.0014
6.25	0.0034	0.0025	0.0036	0.0026	0.0035	0.0018	0.0020
7.82	0.0046	0.0032	0.0044	0.0036	0.0045	0.0025	0.0029
9.38	0.0058	0.0037	0.0055	0.0044	0.0059	0.0033	0.0037
10.94	0.0079	0.0049	0.0080	0.0053	0.0073	0.0043	0.0052
12.34	0.0090	0.0061	0.0093	0.0079	0.0091	0.0059	0.0068
14.07	0.0109	0.0071	0.0108	0.0097	0.0097	0.0079	0.0092
15.63	0.0122	0.0083	0.0123	0.0114	0.0101	0.0090	0.0113
17.19	0.0136	0.0095	0.0140	0.0132	0.0117	0.0110	0.0141
18.75	0.0149	0.0111	0.0156	0.0151	0.0135	0.0126	0.0148
20.32	0.0162	0.0127	0.0173	0.0163	0.0152	0.0138	0.0161
21.88	0.0180	0.0148	0.0217	0.0183	0.0168	0.0154	0.0178
23.44	0.0197	0.0167	0.0357	0.0197	0.0193	0.0173	0.0197
25.00	0.0226	0.0309	0.0509	0.0227	0.0272	0.0193	0.0212
26.57	0.0273	0.0501	0.0630	0.0307	0.0402	0.0244	0.0232
28.13	0.0349		0.0671	0.0386	0.0776	0.0325	0.0261
29.69	0.0463			0.0493		0.0439	0.0315
31.25				0.0566		0.0590	0.0470
32.82				0.0648			0.0650
34.38							0.0875

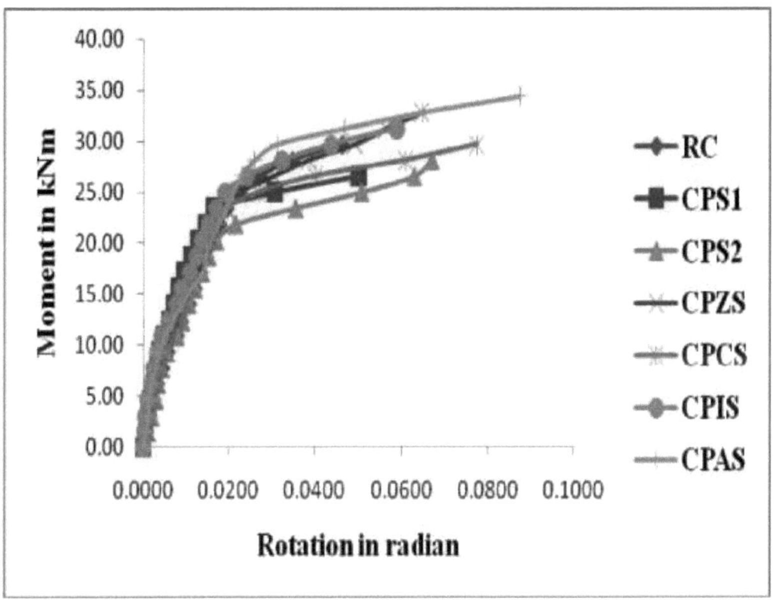

Fig.5.21 Momento versus capacidade de rotação

A tabela 5.18 mostra que todas as vigas mistas sofreram mais rotação do que a viga de betão armado (RC). A viga mista com padrão alternativo de conetor de corte (CPAS) sofreu mais rotação do que a RC e as outras vigas mistas.

5.3 RESULTADOS DA ANÁLISE DE ELEMENTOS FINITOS

Esta parte compara os resultados da análise de elementos finitos ANSYS com os dados experimentais para vigas de betão armado (RC) e vigas mistas com padrão alternativo de conectores de corte. São efectuadas as seguintes comparações: gráficos carga-deflexão no meio do vão, primeiras cargas de fendilhação, cargas na rotura. Os dados das análises de elementos finitos foram recolhidos nos mesmos locais que os ensaios de carga para as vigas em tamanho real.

5.3.1 CARGAS NA FALHA

A Tabela 5.19 compara as cargas últimas dos resultados experimentais da viga de betão armado (RC) e da viga mista (CPAS) com as cargas últimas das simulações de elementos finitos. O ANSYS subestima a resistência das vigas em 5%-4% Os mecanismos de endurecimento nas faces das fendas podem também prolongar ligeiramente as falhas das vigas experimentais antes do colapso completo. Os modelos de elementos finitos não apresentam tais mecanismos. O processo de ponte de grão ocorre quando a fenda avançou para além de um agregado que continua a transmitir tensões através da fenda. O encravamento entre as faces da fenda pode causar a dissipação de energia e a transferência de carga através do atrito através da fenda. Uma ponta de fenda romba requer energia adicional para a propagação da fenda do que uma fenda pontiaguda. Finalmente, a ramificação da fenda ocorre devido às heterogeneidades do betão. A energia é consumida na criação das ramificações de fissuras. As propriedades dos materiais assumidas neste estudo podem ser imperfeitas. A curva tensão-deformação para o aço utilizado nos modelos de viga de elementos finitos deve ser obtida diretamente a partir de ensaios de materiais. O aço de reforço real tem uma curva tensão-deformação diferente quando comparado com 60 o aço idealizado utilizado para a modelação por elementos finitos. Por conseguinte, este facto pode ajudar a produzir uma carga última mais elevada nas vigas experimentais. Além disso, a relação tensão-deformação perfeitamente plástica para o betão após a tensão de compressão final pode também causar a carga de rotura mais baixa nos modelos de elementos finitos.

Tabela 5.19 Comparações entre as cargas finais experimentais e as cargas finais ANSYS

Feixe Designação	**Carga última dos resultados experimentais em kN**	**Carga final de ANSYS em kN**	**Diferença em %**
RC	59.38	56.00	-5
CPAS	68.76	66.00	-4

5.3.2 GRÁFICOS CARGA-DEFLEXÃO A MEIO VÃO

Foram utilizados deflectómetros com contagem mínima de 0,01 mm para medir as deformações das vigas experimentais a meio do vão, no centro da face inferior das vigas. Para o ANSYS, as deflexões são medidas no mesmo local que para as vigas experimentais. A Fig. 5.21 mostra a curva carga-deformação da análise de elementos finitos e os resultados experimentais da viga RC e da viga mista (CPAS).

A Figura 5.22 (a) mostra que o gráfico carga-deformação da análise de elementos finitos está de acordo com os dados experimentais para a viga de controlo. Na gama linear, o gráfico carga-deflexão da análise de elementos finitos é mais rígido do que o dos resultados experimentais. A carga de primeira fendilhação para a análise de elementos finitos é de 25 kN, que é superior à carga de 18,75 kN dos resultados experimentais em 33%. Após a primeira fissuração, o modelo de elementos finitos resulta numa diminuição da rigidez. Por último, a carga final de 56 kN do modelo de elementos finitos é inferior à carga última de 59,38kN dos dados experimentais em apenas 5%.

A Figura 5.22 (b) compara os gráficos de carga-deflexão para a viga RC e o CPAS a partir da análise de elementos finitos concorda bem com os dados experimentais. Na gama linear, o gráfico carga-deflexão da análise de elementos finitos é ligeiramente mais rígido do que o dos resultados experimentais. Os níveis da primeira carga de fendilhação da análise de elementos finitos e dos resultados experimentais são 22 kN e 24,80 kN, respetivamente, uma diferença de 12%. Por último, a carga final de 66 kN do modelo é inferior à carga final de 68,76 kN dos dados experimentais em apenas 4%.

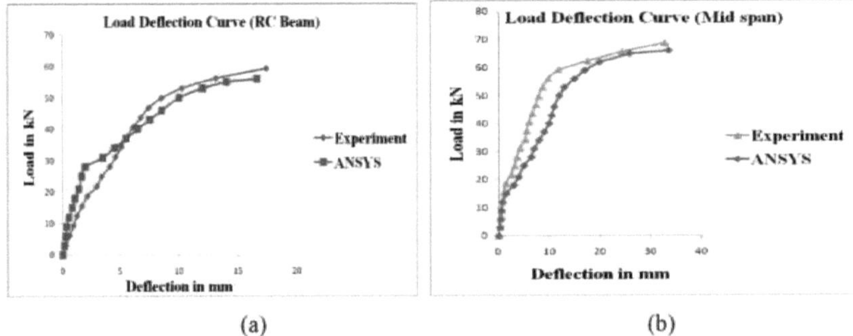

(a) (b)

Fig 5.22 Curva carga-deflexão para viga de controlo e CPAS

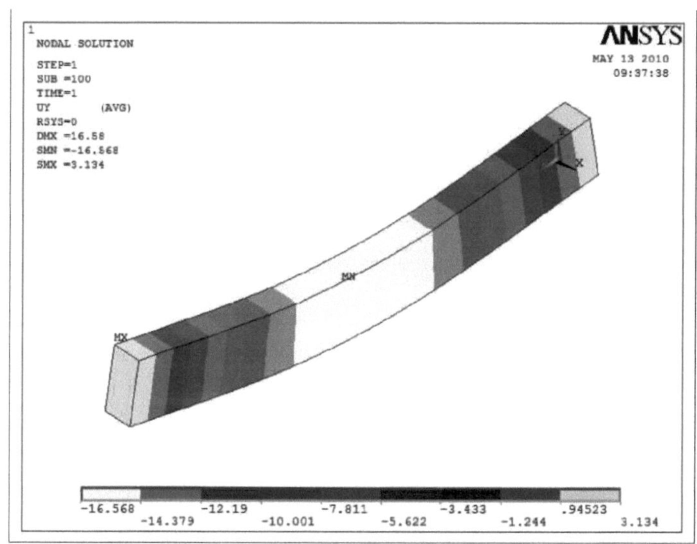

Fig 5.23 Deflexão da viga RC

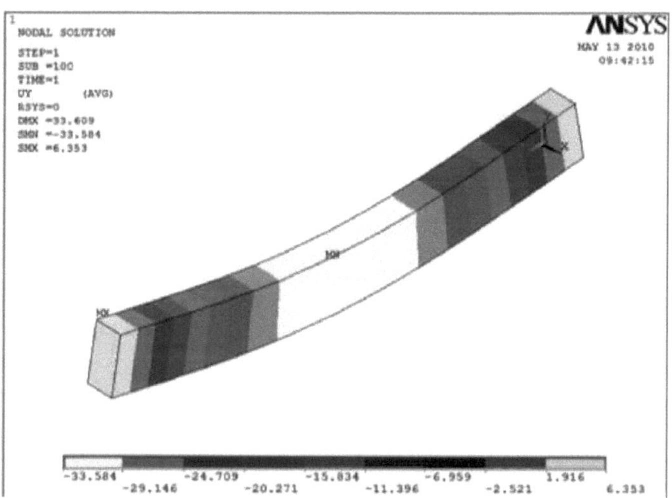

Fig 5.24 Deflexão do CPAS

CAPÍTULO 6
CONCLUSÃO

As conclusões do trabalho experimental são as seguintes

- A viga mista com padrão alternativo de conetor de corte (CPAS) tem a maior capacidade de carga de 68,76 kN, o que é 15,79% mais do que a capacidade de carga da viga RC.
- As vigas compósitas (CPIS e CPZS) têm uma capacidade de carga final pouco superior à das vigas de CCR.
- A capacidade de carga última das vigas mistas (CPS1, CPS2 e CPCS) é inferior à das vigas de CCR.
- A viga mista (CPAS) sofreu mais deformações do que as vigas RC e outras vigas mistas.
- A viga mista (CPAS) tem um índice de ductilidade superior ao da viga de betão armado (RC).
- A percentagem de aumento da ductilidade do CPAS em relação ao provete de controlo (RC) é de 62,68%.
- A viga compósita (CPAS) tem uma ductilidade energética superior à das vigas RC e de outras vigas compósitas.

A viga mista (CPAS) tem uma capacidade de momento-rotação superior à das vigas RC e de outras vigas mistas.

- A viga mista (CPAS) sofre mais deformação, mas a descolagem da placa é menor do que noutras vigas mistas. Não ocorreu encurvadura local da placa na CPAS.
- O padrão alternativo de disposição dos conectores de cisalhamento mantém o aço enformado a frio bem junto ao betão. O fluxo de cisalhamento na interface do betão e do aço é bom.
- Assim, o padrão alternativo de conetor de cisalhamento melhora o comportamento do espécime em termos de resistência à flexão, resistência final e caraterísticas de rigidez e deflexão.
- O comportamento geral dos modelos de elementos finitos, representado pelos gráficos carga-deflexão no meio do vão, mostra uma boa concordância com os dados

de ensaio da viga à escala real. No entanto, os modelos de elementos finitos apresentam uma rigidez ligeiramente superior à dos dados do ensaio , tanto na gama linear como na não linear. Os efeitos do deslizamento da ligação (entre o betão e a armadura de aço) e as microfissuras que ocorrem nas vigas reais foram excluídos nos modelos de elementos finitos, contribuindo para a maior rigidez dos modelos de elementos finitos.

- As cargas finais das análises de elementos finitos são inferiores às cargas finais dos resultados experimentais em 5% - 4%. Isto pode dever-se provavelmente ao facto de se negligenciarem os efeitos dos mecanismos de endurecimento do betão e de se utilizarem as propriedades assumidas do material.
- Este modelo de elementos finitos pode ser utilizado em estudos adicionais para desenvolver regras de projeto para a disposição dos conectores de corte em vigas compósitas

REFERÊNCIAS

• Dennis lam e Ehab el-lobody "Strength Analysis of Steel-Concrete Composite Beams in Combined Bending and Shear" outubro de 2005, Vol. 131, No. 10, pp. 1593-1600.

• Hyung-Joon Ahn e Soo-Hyun Ryu, "Experimental study on flexural strength of modular composite profile beams" Steel and Composite Structures, Vol. 7, No. 1 (2007) 71-85.

• Jianguo nie, Yan xiao e Lin chen "Experimental Studies on Shear Strength of Steel-Concrete Composite Beams" J. Struct. Engrg. Volume 130, Número 8, pp. 1206-1213 (agosto de 2004)

• Jianguo Nie; Jiansheng Fan; e C. S. Cai "Stiffness and Deflection of Steel-Concrete Composite Beams under Negative Bending "ASCE (2004)

• Khandaker M. Anwar Hossain "Experimental & theoretical behavior of thin walled composite filled beams" Electronic Journal of Structural Engineering, 2003, Pg 117 - 139

• Kottiswaran.N, sundararajan.R, "Behaviour of thin walled cold formed steel concrete composite beams "Proceedings of National Seminar - REDECON 2005, Pg 373 -381.

• Richard P. Nguyen, "Thin-Walled, Cold-Formed Steel Composite Beams" Jornal of structural engineering ,Vol. 117, No. 10, October 1991, pp. 2936-2952.

• Slobodan Rankovic, Dragoljub Drenic, "Static strength of the shear connectors in steel- concrete composite beams ,regulations and research analysis" , Architecture and Civil Engineering Vol. 2, No 4, 2002, pp. 251 - 259

• Johnson, R.P.(1975). "Composite Structures of Steel and Concrete", Volume I - Blackwell Scientific Publication, Londres.

• IS 456: 2000, "Code of Practice for plain and Reinforced Concrete" - Bureau of Indian Standards,New Delhi.

• IS 11384-1985, "Composite Construction in Structural Steel and Concrete", Bureau of Indian Standards, Nova Deli.

• IS: 801(1975) "Code of Practice for the use in Cold-Formed light gauge steel structural members in general Building Construction", Bureau of Indian Standards, New Delhi.

• IS 3935-1966, "Code of Practice for Composite Construction", Bureau of Indian Standards, Nova Deli.

• BS 5950-3.1:1990, "Code of Practice for design of simple and continous composite beams ".

• Workshop sobre estruturas compostas aço-betão, Universidade de Anna, Chennai, 2000.

Printed by Books on Demand GmbH, Norderstedt / Germany